건축시공전서

건축시공설비

Building Construction Systems

소방설비부문

한국건축시공학회 편

KIC 사단법인 한국건축시공학회
The Korea Institute of Building Construction

발간사

우리 한국건축시공학회는 2001년 5월에 창립하여 올해로 회원수 4,000명을 넘었고, 학회논문집은 연구재단 등재를 넘어 SCOPUS 및 SCI-E급으로 인증 받는 것을 목전에 두고 있는 건설 분야의 선도적인 중견학회입니다.

최근 국내 건설산업은 세계 경제위기와 국내 경기침체로 많은 어려움을 겪고 있지만, 이러한 위기 속에서도 건축시공 분야의 많은 건설인들이 시장확보와 기술혁신을 위해 불철주야 노력하고 있기에 미래의 전망은 어둡지 않다고 생각됩니다.

이러한 중요한 시기에 우리 학회는 우리 학회 본연의 역할인 건축시공기술의 재조명과 전문가 기술교육를 위해 지난해부터 학회 상설위원회인 연구부를 중심으로 시공재료, 토공·가설 및 기초, 구체시공, 마감재시공, 초고층기술, 시공구조, 시공설비, 시공관리 등 건축시공 관련 전 분야를 망라할 수 있는 기술전집의 발간작업을 시작하였습니다. 올해는 발간 첫해로서 토공·가설 및 기초 분야, 시공설비 분야, 건축시공관리 분야의 기술서를 발간하고자 하는데, 본서는 시공설비에서 소방설비와 관련한 연구결과, 제도 및 법규, 실무 적용사례 등을 심도 있게 다루어 관련 정보와 지식을 공유하도록 한 것입니다.

아무쪼록 본 기술전집이 우리 학회 회원 여러분은 물론 건축시공 관련 직종의 많은 분들께 큰 도움이 되길 바라며, 기술전집 발간 작업에 깊은 열정을 가지고 집필해주신 남유진 위원장님을 비롯한 집필자 여러분께 진심으로 감사 말씀을 드립니다.

2014년 12월

사단법인 한국건축시공학회

회장 한 천 구

머리말

최근 건축이 초고층화, 시스템화 되면서 건축설비에 대한 관심이 높아지고 있다. 건축설비는 인간의 신경계나 혈관과도 같은 역할을 하는 존재로서 보다 쾌적하고 편리하며 안전한 공간을 제공하는 역할을 한다. 특히, 건축물의 안전 및 방재 역할을 하는 소방설비는 건물의 안전 및 재해 예방이라는 중요한 역할을 담당하는 시스템이다. 건축물의 고층화나 대형화는 화재발생의 형태나 성상을 복잡하게 만들고 있으며 화재의 규모 또한 대형화 되고 있어 큰 인명, 재산피해로 직결되는 경우가 많다.

따라서 건물에서의 화재를 예방하고 초기에 진압하는 것은 인간의 생명과도 직결된 중요한 요소로서, 건축물이 가져야 할 기능 중 가장 기본적이면서도 필수적인 요소라 할 수 있을 것이다. 건축물이 화재로부터 안전성을 확보하기 위한 대책에는 건축계획적인 방법(Passive system)과 소방설비적인 방법(Active system)이 있으며, 건축 실무자는 이를 적절히 활용할 수 있는 능력을 가져야 할 것이다.

본 권에서는 건축시공 실무자 및 건축설비 담당자가 알아야 할 소방설비의 개념과 설계방법에 대해 이해하기 쉽게 설명하고, 소방설비 설계 및 시공에 필요한 관련법규에 대해 서술한다. 또한 건축 소방설비·시공에 있어 확인이나 점검이 필요한 사항에 대해 실무자적 관점에서 관련 지식을 전하고자 한다.

2014년 12월

편저자 일동

| 집필위원 |

집 필 위 원	남유진 부산대학교 이유식 (주)유일방재엔지니어링

| 검토위원 |

검 토 위 원	남유진 부산대학교 이유식 (주)유일방재엔지니어링 이영도 경동대학교

| 심의/기획/도서출판위원회 |

위 원 장	이건철 한국교통대학교	
부 위 원 장	이재삼 (주)렉스콘 조병영 한국건설생활환경연구원	
간 사	류동우 대진대학교	
위 원	박동천 한국해양대학교 한민철 청주대학교 이상수 한밭대학교 최희복 제주대학교	이종구 고려대학교 이한승 한양대학교 김규용 충남대학교 김경민 (주)대우건설

| 한국건축시공학회 |

회 장	한천구 청주대학교	
부 회 장	오상근 서울과학기술대학교 이영도 경동대학교	임홍철 연세대학교 최수경 한서대학교

차례

03 CHAPTER 소방전기설비

Fire Fighting Systems

CHAPTER 1

소방설비 관련 법규 및 대관업무

1.1 소방 4대 분법 및 특별법

소방법은 1958년 법률 제485호로 제정되어 수차례 개정되다가 2004년 소방기본법, 소방시설공사업법, 소방시설 설치 · 유지 및 안전관리에 관한 법률, 위험물안전관리법이 제정되어 4대분법으로 세분화 되었다. 이후 2007년 다중이용소의 안전관리에 관한 특별법이 추가로 제정되어 현재 소방관련 법규는 4개의 법규와 1개의 특별법으로 구성되어 있다.

소방설비는 평상시 사용되는 다른 설비와는 달리 일반적인 경우에 사용되는 경우가 거의 없기 때문에 화재발생시 즉시 필요로 하는 성능을 구현할 수 있도록 항상 준비되어 있어야 하므로 평상시 유지 · 관리가 매우 중요하다. 또한 해당 특정소방대상물의 관계인뿐만 아니라 소방공무원이 함께 사용하게 되므로 소방설비는 일정한 기준에 의해 설계 및 시공되며 모든 시설이 법적인 규제를 받게 된다. 이러한 이유로 소방관련 법규의 이해가 매우 중요하다.

실무에서 자주 언급되는 주요 부분을 발췌하여 기술하였고, 개정되는 법규사항은 법제처(www.moleg.go.kr) 및 소방방재청(www.nema.go.kr)에서 확인할 수 있다.

1.1.1 소방기본법

(1) 소방기본법의 목적

소방기본법은 화재를 예방 · 경계하거나 진압하고 화재, 재난 · 재해, 그 밖의 위급한 상황에서의 구조 · 구급활동 등을 통하여 국민의 생명, 신체 및 재산을 보호함으로써 공공의 안녕 및 질서 유지와 복리증진에 이바지함을 목적으로 하며 이를 수행하기 위한 필요한 사항을 규정함을 목적으로 한다.

(2) 소방기본법의 주요 용어

① **소방대상물** : 건축물, 차량, 선박(「선박법」 제1조의2제1항에 따른 선박으로서 항구에 매어둔 선박만 해당한다), 선박 건조구조물, 산림, 그 밖의 인공구조물 또는 물건을 말한다.

② **관계인** : 소방대상물의 소유자, 관리자 또는 점유자를 말한다.

(3) 소방기본법의 주요 내용

소방기본법은 주로 소방서나 소방공무원의 소방활동에 관한 사항을 규정하고 있으며, 그 내용으로는 소방기관의 설치, 소방업무에 관한 종합계획의 수립 및 시행, 소방력의 기준, 소방용수시설의 설치 및 관리, 화재의 예방조치, 화재 경계구역의 지정, 소방안전교육사 자격에 관한 사항, 화재의 원인 및 피해 조사, 의용소방대에 관한 사항, 한국소방안전협회에 관한 사항 등으로 구성되어 있다.

1.1.2 소방공사업법

(1) 소방공사업법의 목적

소방공사업법은 소방시설공사 및 소방기술의 관리에 필요한 사항을 규정함으로써 소방시설업을 건전하게 발전시키고 소방기술을 진흥시켜 화재로부터 공공의 안전을 확보하고 국민경제에 이바지함을 목적으로 한다.

(2) 소방공사업법의 주요 용어

① **소방시설업** : 다음 각 목의 영업을 말한다.

가. **소방시설설계업** : 소방시설공사에 기본이 되는 공사계획, 설계도면, 설계설명서, 기술계산서 및 이와 관련된 서류를 작성하는 영업(이하 '설계업자'라 한다).

나. **소방시설공사업** : 설계도서에 따라 소방시설을 신설, 증설, 개설, 이전 및 정비하는 영업(이하 '공사업자'라 한다).

다. **소방공사감리업** : 소방시설공사에 관한 발주자의 권한을 대행하여 소방시설공사가 설계도서와 관계 법령에 따라 적법하게 시공되는지를 확인하고, 품질·시공 관리에 대한 기술지도를 하는 영업(이하 '감리업자'라 한다).

② **소방시설업자** : 소방시설업을 경영하기 위하여 소방시설업을 등록한 자를 말한다.

(3) 소방공사업법의 주요 내용

법 제4조(소방시설업의 등록)

소방시설업의 등록과 관련된 기준 등을 정한다.

령 제2조(소방시설업의 등록기준 및 영업범위)

업종별 등록기준 및 영업범위는 '별표1'로 정하며 소방산업공제조합의 출자기준을 자본금 기준금액의 100분의 20 이상이 되도록 한다.

법 제11조(설계)

① 설계업자는 이 법이나 이 법에 따른 명령과 화재안전기준에 맞게 소방시설을 설계하여야 한다.

② 제1항 본문에도 불구하고 대통령령으로 정하는 특정소방대상물(신축한 것만 해당한다)은 그 용도, 위치, 구조, 수용인원, 가연물(可燃物)의 종류 및 양 등을 고려하여 설계(이하 "성능위주설계" 라 한다)하여야 한다.

③ 성능위주설계를 할 수 있는 자의 자격, 기술인력 및 자격에 따른 설계의 범위와 그 밖의 필요한 사항은 대통령령으로 정한다.

④ 성능위주설계의 방법과 그 밖의 필요한 사항은 소방방재청장이 정하여 고시한다.

령 제2조의2(성능위주설계를 하여야 하는 특정소방대상물의 범위)

성능위주설계를 하여야 하는 특정소방대상물은 다음 각 호의 어느 하나에 해당하는 신축 건축물을 말한다.

1. 연면적(「건축법 시행령」 제119조제1항제4호에 따라 산정한 면적을 말한다. 이하 같다) 20만제곱미터 이상인 특정소방대상물. 다만, 「소방시설 설치 · 유지 및 안전관리에 관한 법률 시행령」 별표2 제1호가목의 아파트는 제외한다.
2. 건축물의 높이가 100미터 이상인 특정소방대상물(지하층을 포함한 층수가 30층 이상인 특정소방대상물을 포함한다). 다만, 「소방시설 설치 · 유지 및 안전관리에 관한 법률 시행령」 별표2 제1호가목의 아파트는 제외한다.
3. 연면적 3만제곱미터 이상인 「소방시설 설치 · 유지 및 안전관리에 관한 법률 시행령」 별표2 제6호나목의 철도 및 도시철도시설, 같은 호 다목의 공항시설
4. 하나의 건축물에 「영화 및 비디오물의 진흥에 관한 법률」 제2조제10호에 따른 영화상영관이 10개 이상인 특정소방대상물

령 제2조의3(성능위주설계를 할 수 있는 자의 자격 등)

성능위주설계를 할 수 있는 자의 자격, 기술인력 및 자격에 따른 설계범위는 별표1의2로 정한다.

법 제13조(착공신고)

① 공사업자는 대통령령으로 정하는 소방시설공사를 하려면 안전행정부령으로 정하는 바에 따라 그 공사의 내용, 시공장소, 그 밖의 필요한 사항을 소방본부장이나 소방서장에게 신고하여야 한다.

② 공사업자가 제1항에 따라 신고한 사항 가운데 안전행정부령으로 정하는 중요한 사항을 변경하였을 때에는 안전행정부령으로 정하는 바에 따라 변경신고를 하여야 한다.

령 제3조(소방기술자의 배치기준)

공사업자의 소방시설공사 현장에 배치하여야 하는 소방기술자의 기준을 '별표2'로 정한다.

(※ 착공시 대관업무 부분에서 별도로 기술함)

령 제4조(소방시설의 착공신고 대상)

신축, 증축, 용도변경 등의 경우 착공신고 대상이 되는 사항을 정한다.

(※ 착공시 대관업무 부분에서 별도로 기술함)

법 제14조(완공검사)

① 공사업자는 소방시설공사를 완공하면 소방본부장 또는 소방서장의 완공검사를 받아야 한다. 다만, 공사감리자가 지정되어 있는 경우에는 공사감리결과보고서로 완공검사를 갈음하되, 대통령령으로 정하는 특정소방대상물의 경우에는 소방본부장이나 소방서장이 소방시설공사가 공사감리결과보고서대로 완공되었는지를 현장에서 확인할 수 있다.

② 공사업자가 소방대상물 일부분의 소방시설공사를 마친 경우로서 전체 시설이 준공되기 전에 부분적으로 사용할 필요가 있는 경우에는 그 일부분에 대하여 소방본부장이나 소방서장에게 완공검사(이하 "부분완공검사"라 한다)를 신청할 수 있다. 이 경우 소방본부장이나 소방서장은 그 일부분의 공사가 완공되었는지를 확인하여야 한다.

령 제5조(완공검사를 위한 현장확인 대상 특정소방대상물의 범위)

법 제14조제1항 단서에서 "대통령령으로 정하는 특정소방대상물"이란 특정소방대상물 중 다음 각 호의 대상물을 말한다.

1. 문화 및 집회시설, 종교시설, 판매시설, 노유자(老幼者)시설, 수련시설, 운동시설, 숙박시설, 창고시설, 지하상가 및 「다중이용업소의 안전관리에 관한 특별법」에 따른 다중이용업소
2. 가스계(이산화탄소 · 할로겐화합물 · 청정소화약제) 소화설비(호스릴소화설비는 제

외한다)가 설치되는 것

3. 연면적 1만제곱미터 이상이거나 11층 이상인 특정소방대상물(아파트는 제외한다)
4. 가연성가스를 제조·저장 또는 취급하는 시설 중 지상에 노출된 가연성가스탱크의 저장용량 합계가 1천 톤 이상인 시설

법 제15조(공사의 하자보수 보증 등)

공사업자는 대통령령으로 정하는 기간 동안 하자발생시 하자를 보수해야 하며 대통령령으로 정하는 바에 따라 하자보수의 이행을 보증해야 함과 관련 내용을 정한다.

령 제6조(하자보수 대상 소방시설과 하자보수 보증기간)

법 제15조제1항에 따라 하자를 보수하여야 하는 소방시설과 소방시설별 하자보수 보증기간은 다음 각 호의 구분과 같다.

1. 피난기구, 유도등, 유도표지, 비상경보설비, 비상조명등, 비상방송설비 및 무선통신보조설비 : 2년
2. 자동식소화기, 옥내소화전설비, 스프링클러설비, 간이스프링클러설비, 물분무등소화설비, 옥외소화전설비, 자동화재탐지설비, 상수도소화용수설비 및 소화활동설비(무선통신보조설비는 제외한다) : 3년

법 제16조(감리)

소방공사를 감리할 때 다음 각 호의 업무를 수행하여야 한다.

1. 소방시설 등의 설치계획표의 적법성 검토
2. 소방시설 등 설계도서의 적합성(적법성과 기술상의 합리성을 말한다. 이하 같다) 검토
3. 소방시설 등 설계변경 사항의 적합성 검토
4. 소방용기계, 기구 등의 위치·규격 및 사용 자재의 적합성 검토
5. 공사업자가 한 소방시설 등의 시공이 설계도서와 화재안전기준에 맞는지에 대한 지도·감독
6. 완공된 소방시설 등의 성능시험

7. 공사업자가 작성한 시공상세 도면의 적합성 검토
8. 피난시설 및 방화시설의 적법성 검토
9. 실내장식물의 불연화(不燃化)와 방염 물품의 적법성 검토

령 제9조(소방공사감리의 종류와 방법 및 대상)

소방공사감리의 종류, 방법 및 대상은 별표3과 같다.
(※ 착공시 대관업무 부분에서 별도로 기술함)

령 제10조(공사감리자 지정 대상 특정소방대상물의 범위)

소방공사감리자를 지정해야 하는 특정소방대상물을 정한다.
(※ 착공시 대관업무 부분에서 별도로 기술함)

령 제11조(소방공사 감리원의 배치기준)

감리업자는 별표4의 기준에 맞게 소속감리원을 소방시설공사 현장에 배치하여야 한다.
(※ 착공시 대관업무 부분에서 별도로 기술함)

법 제20조(공사감리 결과의 통보 등)

감리업자는 소방공사의 감리를 마쳤을 때에는 안전행정부령으로 정하는 바에 따라 그 감리 결과를 그 특정소방대상물의 관계인, 소방시설공사의 도급인, 그 특정소방대상물의 공사를 감리한 건축사에게 서면으로 알리고, 소방본부장이나 소방서장에게 공사감리결과보고서를 제출하여야 한다.

법 제21조(공사의 도급)

특정소방대상물의 관계인 또는 발주자는 소방시설공사를 도급할 때에는 공사업자에게 도급하여야 한다.

법 제22조(하도급의 제한)

① 제21조에 따라 도급을 받은 자는 소방시설공사의 시공을 제3자에게 하도급할 수 없다. 다만, 대통령령으로 정하는 경우에는 도급받은 소방시설공사의 일부를 한 번만 제3자에게 하도급할 수 있다.

령 제12조(소방시설공사의 시공을 하도급할 수 있는 경우)

① 법 제22조제1항 단서에서 "대통령령으로 정하는 경우"란 소방시설공사업과 다음 각 호의 어느 하나에 해당하는 사업을 함께 하는 소방시설공사업자가 소방시설공사와 해당 사업의 공사를 함께 도급받은 경우를 말한다.

1. 「주택법」 제9조에 따른 주택건설사업
2. 「건설산업기본법」 제9조에 따른 건설업
3. 「전기공사업법」 제4조에 따른 전기공사업
4. 「정보통신공사업법」 제14조에 따른 정보통신공사업

② 법 제22조제1항 단서에서 "도급받은 소방시설공사의 일부"란 제4조제1호 각 목의 어느 하나에 해당하는 소방설비 중 하나 이상의 소방설비를 설치하는 공사를 말한다.

1.1.3 소방시설 설치·유지 및 안전관리에 관한 법률(약칭 : 소방시설법)

(1) 소방시설 설치·유지 및 안전관리에 관한 법률의 목적

소방시설 설치·유지 및 안전관리에 관한 법률은 화재와 재난·재해, 그 밖의 위급한 상황으로부터 국민의 생명, 신체 및 재산을 보호하기 위하여 소방시설 등의 설치·유지 및 소방대상물의 안전관리에 관하여 필요한 사항을 정함으로써 공공의 안전과 복리증진에 이바지함을 목적으로 한다.

(2) 소방시설 설치·유지 및 안전관리에 관한 법률의 주요 용어

① "소방시설"이란 소화설비, 경보설비, 피난설비, 소화용수설비, 그 밖의 소화활동설비로서 대통령령으로 정하는 것을 말한다.

② "소방시설 등"이란 소방시설과 비상구(非常口), 그 밖의 소방관련 시설로서 대통

령령으로 정하는 것을 말한다.

③ “특정소방대상물”이란 소방시설을 설치하여야 하는 소방대상물로서 대통령령으로 정하는 것을 말한다.

④ “소방용품”이란 소방시설 등을 구성하거나 소방용으로 사용되는 제품 또는 기기로서 대통령령으로 정하는 것을 말한다.

⑤ “무창층(無窓層)”이란 지상층 중 다음 각 목의 요건을 모두 갖춘 개구부(건축물에서 채광, 환기, 통풍 또는 출입 등을 위하여 만든 창·출입구, 그 밖의 이와 비슷한 것을 말한다)의 면적의 합계가 해당 층의 바닥면적(「건축법 시행령」 제119조제1항제3호에 따라 산정된 면적을 말한다. 이하 같다)의 30분의 1 이하가 되는 층을 말한다.

가. 크기는 지름 50센티미터 이상의 원이 내접(內接)할 수 있는 크기일 것

나. 해당 층의 바닥면으로부터 개구부 밑부분까지의 높이가 1.2미터 이내일 것

다. 도로 또는 차량이 진입할 수 있는 빈터를 향할 것

라. 화재 시 건축물로부터 쉽게 피난할 수 있도록 창살이나 그 밖의 장애물이 설치되지 아니할 것

마. 내부 또는 외부에서 쉽게 부수거나 열 수 있을 것

⑥ “피난층”이란 곧바로 지상으로 갈 수 있는 출입구가 있는 층을 말한다.

⑦ “연소 우려가 있는 건축물의 구조”란 다음 각 호의 기준에 모두 해당하는 구조를 말한다.

1. 건축물대장의 건축물 현황도에 표시된 대지경계선 안에 둘 이상의 건축물이 있는 경우
2. 각각의 건축물이 다른 건축물의 외벽으로부터 수평거리가 1층의 경우에는 6미터 이하, 2층 이상의 층의 경우에는 10미터 이하인 경우
3. 개구부(영 제2조제1호에 따른 개구부를 말한다)가 다른 건축물을 향하여 설치되어 있는 경우

(3) 소방시설 설치·유지 및 안전관리에 관한 법률의 주요 내용

법 제7조(건축허가 등의 동의)

① 건축물 등의 신축·증축·개축·재축(再築) 또는 이전의 허가·협의 및 사용승인

(「주택법」 제16조에 따른 승인 및 같은 법 제29조에 따른 사용검사, 「학교시설사업 촉진법」 제4조에 따른 승인 및 같은 법 제13조에 따른 사용승인을 포함하며, 이하 "건축허가 등"이라 한다)의 권한이 있는 행정기관은 건축허가 등을 할 때 미리 그 건축물 등의 시공지(施工地) 또는 소재지를 관할하는 소방본부장이나 소방서장의 동의를 받아야 한다.

② 건축물 등의 대수선(大修繕) · 증축 · 개축 · 재축 또는 용도변경의 신고를 수리(受理)할 권한이 있는 행정기관은 그 신고를 수리하면 그 건축물 등의 시공지 또는 소재지를 관할하는 소방본부장이나 소방서장에게 지체 없이 그 사실을 알려야 한다.

령 제12조(건축허가 등의 동의대상물의 범위 등)

건축허가 등을 할 때 미리 소방본부장 또는 소방서장의 동의를 받아야 하는 건축물 등의 범위는 다음 각 호와 같다.

1. 연면적(「건축법 시행령」 제119조제1항제4호에 따라 산정된 면적을 말한다. 이하 같다)이 400제곱미터 이상인 건축물. 다만, 다음 각 목의 어느 하나에 해당하는 시설은 해당 목에서 정한 기준 이상인 건축물로 한다.
   가. 「학교시설사업 촉진법」 제5조의2제1항에 따라 건축 등을 하려는 학교시설 : 100제곱미터
   나. 노유자시설(老幼者施設) 및 수련시설 : 200제곱미터
   다. 「정신보건법」 제3조제3호에 따른 정신의료기관(입원실이 없는 정신건강의학과 의원은 제외하며, 이하 "정신의료기관"이라 한다) : 300제곱미터
2. 차고 · 주차장 또는 주차용도로 사용되는 시설로서 다음 각 목의 어느 하나에 해당하는 것
   가. 차고 · 주차장으로 사용되는 층 중 바닥면적이 200제곱미터 이상인 층이 있는 시설
   나. 승강기 등 기계장치에 의한 주차시설로서 자동차 20대 이상을 주차할 수 있는 시설
3. 항공기격납고, 관망탑, 항공관제탑, 방송용 송수신탑
4. 지하층 또는 무창층이 있는 건축물로서 바닥면적이 150제곱미터(공연장의 경우에

는 100제곱미터) 이상인 층이 있는 것

5. 별표2의 특정소방대상물 중 위험물 저장 및 처리시설, 지하구

6. 제1호에 해당하지 않는 노유자시설 중 다음 각 목의 어느 하나에 해당하는 시설. 다만, 나목부터 바목까지의 시설 중 「건축법 시행령」 별표1의 단독주택 또는 공동주택에 설치되는 시설은 제외한다.

   가. 노인 관련 시설(「노인복지법」 제31조제3호 및 제5호에 따른 노인여가복지시설 및 노인보호전문기관은 제외한다)

   나. 「아동복지법」 제52조에 따른 아동복지시설(아동상담소, 아동전용시설 및 지역아동센터는 제외한다)

   다. 「장애인복지법」 제58조제1항제1호에 따른 장애인 거주시설

   라. 정신질환자 관련 시설(「정신보건법」 제16조제1항제2호에 따른 공동생활가정을 제외한 정신질환자지역 사회재활시설, 같은 항 제3호에 따른 정신질환자 직업재활시설과 같은 법 시행령 제4조의2제3호에 따른 정신질환자 종합시설 중 24시간 주거를 제공하지 아니하는 시설은 제외한다)

   마. 별표2 제9호마목에 따른 노숙인 관련 시설 중 노숙인자활시설, 노숙인재활시설 및 노숙인요양시설

   바. 결핵환자나 한센인이 24시간 생활하는 노유자시설

법 제8조(주택에 설치하는 소방시설)

다음 각 호의 주택의 소유자는 소방시설 중 소화기구 및 단독경보형감지기를 설치하여야 한다.

1. 「건축법」 제2조제2항제1호의 단독주택
2. 「건축법」 제2조제2항제2호의 공동주택(아파트 및 기숙사는 제외한다)

법 제9조(특정소방대상물에 설치하는 소방시설 등의 유지 · 관리 등)

특정소방대상물의 관계인은 대통령령으로 정하는 바에 따라 특정소방대상물의 규모, 용도 및 수용인원 등을 고려하여 갖추어야 하는 소방시설 등을 소방방재청장이 정하여 고시하는 화재안전기준에 따라 설치 또는 유지 · 관리하여야 한다.

령 제15조(특정소방대상물의 규모 등에 따라 갖추어야 하는 소방시설)

특정소방대상물의 관계인이 특정소방대상물의 규모 · 용도 및 별표4에 따라 산정된 수용인원(이하 "수용인원"이라 한다) 등을 고려하여 갖추어야 하는 소방시설 등의 종류는 별표5와 같다.

법 제10조(피난시설, 방화구획 및 방화시설의 유지 · 관리)

특정소방대상물의 관계인은 「건축법」 제49조에 따른 피난시설, 방화구획(防火區劃) 및 같은 법 제50조부터 제53조까지의 규정에 따른 방화벽, 내부 마감재료 등(이하 "방화시설"이라 한다)에 대하여 다음 각 호의 행위를 하여서는 아니 된다.

1. 피난시설, 방화구획 및 방화시설을 폐쇄하거나 훼손하는 등의 행위
2. 피난시설, 방화구획 및 방화시설의 주위에 물건을 쌓아두거나 장애물을 설치하는 행위
3. 피난시설, 방화구획 및 방화시설의 용도에 장애를 주거나 「소방기본법」 제16조에 따른 소방활동에 지장을 주는 행위
4. 그 밖의 피난시설, 방화구획 및 방화시설을 변경하는 행위

1.1.4 위험물안전관리법

(1) 위험물안전관리법의 목적

위험물안전관리법은 위험물의 저장, 취급 및 운반과 이에 따른 안전관리에 관한 사항을 규정함으로써 위험물로 인한 위해를 방지하여 공공의 안전을 확보함을 목적으로 한다.

(2) 위험물안전관리법의 주요 용어

① "위험물"이라 함은 인화성 또는 발화성 등의 성질을 가지는 것으로서 대통령령이 정하는 물품을 말한다.

② "지정수량"이라 함은 위험물의 위험성을 종류별로 고려하여 대통령령이 정하는 수량으로서, 제6호의 규정에 의한 제조소 등의 설치허가 등에 있어서 최저의 기

준이 되는 수량을 말한다.

③ "제조소"라 함은 위험물을 제조할 목적으로 지정수량 이상의 위험물을 취급하기 위하여 제6조제1항의 규정에 따른 허가(동조 제3항의 규정에 따라 허가가 면제된 경우 및 제7조제2항의 규정에 따라 협의로써 허가를 받은 것으로 보는 경우를 포함한다. 이하 제4호 및 제5호에서 같다)를 받은 장소를 말한다.

④ "저장소"라 함은 지정수량 이상의 위험물을 저장하기 위한 대통령령이 정하는 장소로서 제6조제1항의 규정에 따른 허가를 받은 장소를 말한다.

⑤ "취급소"라 함은 지정수량 이상의 위험물을 제조 외의 목적으로 취급하기 위한 대통령령이 정하는 장소로서 제6조제1항의 규정에 따른 허가를 받은 장소를 말한다.

⑥ "제조소 등"이라 함은 제3호 내지 제5호의 제조소, 저장소 및 취급소를 말한다.

(3) 위험물안전관리법의 주요 내용

법 제5조(위험물의 저장 및 취급의 제한)

지정수량 이상의 위험물을 저장소가 아닌 장소에서 저장하거나 제조소 등이 아닌 장소에서 취급하여서는 아니 된다.

법 제6조(위험물시설의 설치 및 변경 등)

제조소 등을 설치하고자 하는 자는 대통령령이 정하는 바에 따라 그 설치장소를 관할하는 특별시장 · 광역시장 또는 도지사(이하 "시 · 도지사"라 한다)의 허가를 받아야 한다. 제조소 등의 위치, 구조 또는 설비 가운데 안전행정부령이 정하는 사항을 변경하고자 하는 때에도 또한 같다.

규칙 제41조(소화설비의 기준)

① 법 제5조제4항의 규정에 의하여 제조소 등에는 화재발생시 소화가 곤란한 정도에 따라 그 소화에 적응성이 있는 소화설비를 설치하여야 한다.

② 제1항의 규정에 의한 소화가 곤란한 정도에 따른 소화난이도는 소화난이도 등급Ⅰ, 소화난이도 등급Ⅱ 및 소화난이도 등급Ⅲ으로 구분하되, 각 소화난이도 등급에 해당하는 제조소 등의 규모, 저장 또는 취급하는 위험물의 품명 및 최대수량

등과 그에 따라 제조소 등별로 설치하여야 하는 소화설비의 종류, 각 소화설비의 적응성 및 소화설비의 설치기준은 별표17과 같다.

규칙 제42조(경보설비의 기준)

① 법 제5조제4항의 규정에 의하여 영 별표1의 규정에 의한 지정수량의 10배 이상의 위험물을 저장 또는 취급하는 제조소 등(이동탱크저장소를 제외한다)에는 화재발생시 이를 알릴 수 있는 경보설비를 설치하여야 한다.

② 제1항의 규정에 의한 경보설비는 자동화재탐지설비 · 비상경보설비(비상벨장치 또는 경종을 포함한다) · 확성장치(휴대용 확성기를 포함한다) 및 비상방송설비로 구분하되, 제조소 등별로 설치하여야 하는 경보설비의 종류 및 자동화재탐지설비의 설치기준은 별표17과 같다.

③ 자동신호장치를 갖춘 스프링클러설비 또는 물분무등소화설비를 설치한 제조소 등에 있어서는 제2항의 규정에 의한 자동화재탐지설비를 설치한 것으로 본다.

1.1.5 다중이용업소의 안전관리에 관한 특별법(약칭 : 다중이용업소법)

(1) 다중이용업소의 안전관리에 관한 특별법의 목적

이 법은 화재 등 재난이나 그 밖의 위급한 상황으로부터 국민의 생명, 신체 및 재산을 보호하기 위하여 다중이용업소의 안전시설 등의 설치 · 유지 및 안전관리와 화재위험평가, 다중이용업주의 화재배상책임보험에 필요한 사항을 정함으로써 공공의 안전과 복리증진에 이바지함을 목적으로 한다.

(2) 다중이용업소의 안전관리에 관한 특별법의 주요 용어

① "다중이용업"이란 불특정 다수인이 이용하는 영업 중 화재 등 재난발생 시 생명 · 신체 · 재산상의 피해가 발생할 우려가 높은 것으로서 대통령령으로 정하는 영업을 말한다.

② "안전시설 등"이란 소방시설, 비상구, 영업장 내부 피난통로, 그 밖의 안전시설로서 대통령령으로 정하는 것을 말한다.

③ "실내장식물"이란 건축물 내부의 천장 또는 벽에 설치하는 것으로서 대통령령으

로 정하는 것을 말한다.

④ "화재위험평가"란 다중이용업의 영업소(이하 "다중이용업소"라 한다)가 밀집한 지역 또는 건축물에 대하여 화재발생 가능성과 화재로 인한 불특정 다수인의 생명, 신체, 재산상의 피해 및 주변에 미치는 영향을 예측·분석하고 이에 대한 대책을 마련하는 것을 말한다.

⑤ "화재위험평가"란 다중이용업의 영업소(이하 "다중이용업소"라 한다)가 밀집한 지역 또는 건축물에 대하여 화재 발생 가능성과 화재로 인한 불특정 다수인의 생명·신체·재산상의 피해 및 주변에 미치는 영향을 예측·분석하고 이에 대한 대책을 마련하는 것을 말한다.

⑥ "밀폐구조의 영업장"이란 지상층에 있는 다중이용업소의 영업장 중 채광, 환기, 통풍 및 피난 등이 용이하지 못한 구조로 되어 있으면서 대통령령으로 정하는 기준에 해당하는 영업장을 말한다.

⑦ "영업장의 내부구획"이란 다중이용업소의 영업장 내부를 이용객들이 사용할 수 있도록 벽 또는 칸막이 등을 사용하여 구획된 실(室)을 만드는 것을 말한다.

(3) 다중이용업소의 안전관리에 관한 특별법의 주요 내용

령 제2조(다중이용업)

다중이용업이란 다음 각 호의 어느 하나에 해당하는 영업을 말한다.

1. 「식품위생법 시행령」 제21조제8호에 따른 식품접객업 중 다음 각 목의 어느 하나에 해당하는 것
   가. 휴게음식점영업, 제과점영업 또는 일반음식점영업으로서 영업장으로 사용하는 바닥면적(「건축법 시행령」 제119조제1항제3호에 따라 산정한 면적을 말한다)의 합계가 100제곱미터(영업장이 지하층에 설치된 경우에는 그 영업장의 바닥면적 합계가 66제곱미터) 이상인 것. 다만, 영업장(내부계단으로 연결된 복층구조의 영업장을 제외한다)이 지상 1층 또는 지상과 직접 접하는 층에 설치되고 그 영업장의 주된 출입구가 건축물 외부의 지면과 직접 연결되는 곳에서 하는 영업을 제외한다.
   나. 단란주점영업과 유흥주점영업
2. 「영화 및 비디오물의 진흥에 관한 법률」 제2조제10호, 같은 조 제16호가목·나목

및 라목에 따른 영화상영관, 비디오물감상실업, 비디오물소극장업 및 복합영상물 제공업

3. 「학원의 설립 · 운영 및 과외교습에 관한 법률」 제2조제1호에 따른 학원(이하 “학원”이라 한다)으로서 다음 각 목의 어느 하나에 해당하는 것

   가. 「소방시설 설치 · 유지 및 안전관리에 관한 법률 시행령」 별표3에 따라 산정된 수용인원(이하 “수용인원”이라 한다)이 300인 이상인 것

   나. 수용인원 100명 이상 300명 미만으로서 다음의 어느 하나에 해당하는 것. 다만, 학원으로 사용하는 부분과 다른 용도로 사용하는 부분(학원의 운영권자를 달리하는 학원과 학원을 포함한다)이 「건축법 시행령」 제46조에 따른 방화구획으로 나누어진 경우는 제외한다.

   - 하나의 건축물에 학원과 기숙사가 함께 있는 학원
   - 하나의 건축물에 학원이 둘 이상 있는 경우로서 학원의 수용인원이 300명 이상인 학원
   - 하나의 건축물에 제1호, 제2호, 제4호부터 제7호까지, 제7호의2부터 제7호의5까지 및 제8호의 다중이용업 중 어느 하나 이상의 다중이용업과 학원이 함께 있는 경우

4. 목욕장업으로서 다음 각 목에 해당하는 것

   가. 하나의 영업장에서 「공중위생관리법」 제2조제1항제3호가목에 따른 목욕장업 중 맥반석이나 대리석 등 돌을 가열하여 발생하는 열기나 원적외선 등을 이용하여 땀을 배출하게 할 수 있는 시설을 갖춘 것으로서 수용인원(물로 목욕을 할 수 있는 시설부분의 수용인원은 제외한다)이 100명 이상인 것

   나. 「공중위생관리법」 제2조제1항제3호나목의 시설을 갖춘 목욕장업

5. 「게임산업진흥에 관한 법률」 제2조제6호 · 제6호의2 · 제7호 및 제8호의 게임제공업 · 인터넷컴퓨터게임시설제공업 및 복합유통게임제공업. 다만, 게임제공업 및 인터넷컴퓨터게임시설제공업의 경우에는 영업장(내부계단으로 연결된 복층구조의 영업장은 제외한다)이 지상 1층 또는 지상과 직접 접하는 층에 설치되고 그 영업장의 주된 출입구가 건축물 외부의 지면과 직접 연결된 구조에 해당하는 경우는 제외한다.

6. 「음악산업진흥에 관한 법률」 제2조제13호에 따른 노래연습장업

7. 「모자보건법」 제2조제12호에 따른 산후조리업

7의2. 고시원업[구획된 실(室) 안에 학습자가 공부할 수 있는 시설을 갖추고 숙박 또는 숙식을 제공하는 형태의 영업]

7의3. 「사격 및 사격장 안전관리에 관한 법률 시행령」 제2조제1항 및 별표1에 따른 권총사격장(실내사격장에 한정하며, 같은 조 제1항에 따른 종합사격장에 설치된 경우를 포함한다)

7의4. 「체육시설의 설치 · 이용에 관한 법률」 제10조제1항제2호에 따른 골프연습장업(실내에 1개 이상의 별도의 구획된 실을 만들어 스크린과 영사기 등의 시설을 갖추고 골프를 연습할 수 있도록 공중의 이용에 제공하는 영업에 한정한다)

7의5. 「의료법」 제82조제4항에 따른 안마시술소

8. 법 제15조제2항에 따른 화재위험평가결과 위험유발지수가 제11조제1항에 해당하거나 화재발생시 인명피해가 발생할 우려가 높은 불특정다수인이 출입하는 영업으로서 소방방재청장이 관계 중앙행정기관의 장과 협의하여 안전행정부령으로 정하는 영업

규칙 제2조(다중이용업)

다중이용업이란 다음 각 호의 어느 하나에 해당하는 영업을 말한다.

1. **전화방업 · 화상대화방업** : 구획된 실(室) 안에 전화기, 텔레비전, 모니터 또는 카메라 등 상대방과 대화할 수 있는 시설을 갖춘 형태의 영업
2. **수면방업** : 구획된 실(室) 안에 침대, 간이침대, 그 밖의 휴식을 취할 수 있는 시설을 갖춘 형태의 영업
3. **콜라텍업** : 손님이 춤을 추는 시설 등을 갖춘 형태의 영업으로서 주류판매가 허용되지 아니하는 영업

법 제9조(다중이용업소의 안전관리기준 등)

다중이용업주 및 다중이용업을 하려는 자는 영업장에 대통령령으로 정하는 안전시설 등을 안전행정부령으로 정하는 기준에 따라 설치 · 유지하여야 한다. 이 경우 다음 각 호의 어느 하나에 해당하는 영업장 중 대통령령으로 정하는 영업장에는 소방시설 중 간이스프링클러설비를 안전행정부령으로 정하는 기준에 따라 설치하여야 한다.

1. 숙박을 제공하는 형태의 다중이용업소의 영업장

2. 밀폐구조의 영업장

령 제9조(안전시설 등)

다중이용업소의 영업장에 설치·유지하여야 하는 안전시설 등(이하 "안전시설 등"이라 한다)은 별표1과 같다.

법 제10조(다중이용업의 실내장식물)

① 다중이용업소에 설치하거나 교체하는 실내장식물(반자돌림대 등의 너비가 10센티미터 이하인 것은 제외한다)은 불연재료(不燃材料) 또는 준불연재료로 설치하여야 한다.

② 제1항에도 불구하고 합판 또는 목재로 실내장식물을 설치하는 경우로서 그 면적이 영업장 천장과 벽을 합한 면적의 10분의 3(스프링클러설비 또는 간이스프링클러설비가 설치된 경우에는 10분의 5) 이하인 부분은 「소방시설 설치·유지 및 안전관리에 관한 법률」 제12조제3항에 따른 방염성능기준 이상의 것으로 설치할 수 있다. 〈개정 2011.8.4.〉

③ 소방본부장이나 소방서장은 다중이용업소의 실내장식물이 제1항 및 제2항에 따른 실내장식물의 기준에 맞지 아니하는 경우에는 그 다중이용업주에게 해당 부분의 실내장식물을 교체하거나 제거하게 하는 등 필요한 조치를 하도록 명할 수 있다.

법 제10조의2(영업장의 내부구획)

① 다중이용업소의 영업장 내부를 구획하고자 할 때에는 불연재료로 구획하여야 한다. 이 경우 다음 각 호의 어느 하나에 해당하는 다중이용업소의 영업장은 천장(반자속)까지 구획하여야 한다.

1. 단란주점 및 유흥주점 영업
2. 노래연습장업

② 제1항에 따른 영업장의 내부구획기준은 안전행정부령으로 정한다.

③ 소방본부장이나 소방서장은 영업장의 내부구획이 제1항 및 제2항에 따른 기준에

맞지 아니하는 경우에는 그 다중이용업주에게 보완 등 필요한 조치를 명할 수 있다.

법 제11조(피난시설, 방화구획 및 방화시설의 유지 · 관리)

다중이용업주는 해당 영업장에 설치된 「건축법」 제49조에 따른 피난시설, 방화구획과 같은 법 제50조부터 제53조까지의 규정에 따른 방화벽, 내부 마감재료 등(이하 "방화시설"이라 한다)을 「소방시설 설치 · 유지 및 안전관리에 관한 법률」 제10조제1항에 따라 유지하고 관리하여야 한다.

법 제12조(피난안내도의 비치 또는 피난안내 영상물의 상영)

① 다중이용업주는 화재 등 재난이나 그 밖의 위급한 상황의 발생 시 이용객들이 안전하게 피난할 수 있도록 피난계단 · 피난통로, 피난설비 등이 표시되어 있는 피난안내도를 갖추어 두거나 피난안내에 관한 영상물을 상영하여야 한다.

② 제1항에 따라 피난안내도를 갖추어 두거나 피난안내에 관한 영상물을 상영하여야 하는 대상, 피난안내도를 갖추어 두어야 하는 위치, 피난안내에 관한 영상물의 상영시간, 피난안내도 및 피난안내에 관한 영상물에 포함되어야 할 내용과 그 밖의 필요한 사항은 안전행정부령으로 정한다.

1.2 대관업무

소방설비의 설계, 시공, 감리업무를 수행할 때 각각의 기술적인 부분 이외에도 관할 소방서와 진행해야 하는 업무가 있다. 관련 법규를 잘 이해하지 못하고 각각의 업무진행시 해당되는 대관업무를 누락하거나 잘못 이행하게 되면 관련 법규에 따라 처벌을 받게 되므로 잘 이해하고 신고 및 협의를 할 수 있도록 한다.

1.2.1 설계시 대관업무

설계시 관할 소방서와의 업무는 크게 특정소방대상물이 소방서의 동의 대상에 포함되느냐 포함되지 않느냐로 나누어진다.

일반적으로 특정소방대상물이 소방서의 동의 대상인 경우에는 설계자가 소방설비를 설계하게 되면 건축설계도서에 포함되어 건축물의 허가권자(관할구청 또는 관할시청)에게 제출하게 되고, 허가권자는 소방설비의 도면 및 관련 서류를 관할 소방서장에게 동의를 요청하게 된다. 이때, 관할 소방서에서 해당 특정소방대상물의 설계도서류를 검토한 후 특이사항이 없으면 동의 결과를 건축물의 허가권자에게 회신하게 된다.

이러한 순서로 진행되므로 소방설계업자는 설계도면과 소방시설설치계획표, 설계설명서(시방서), 각종계산서를 건축설계도서류와 취합하여 건축물의 허가권자에게 제출하면 된다. 이때 건축물의 허가권자에게 제출할 때는 건축사사무소에서 업무를 진행하므로 건축사사무소와 협조하여 진행하면 되는데 대상물의 규모나 중요도, 관할 소방서의 업무진행방법에 따라 건축물의 허가권자에게 설계도서류를 제출하더라도 별도로 관할 소방서에 설계도서류를 제출을 요구받을 수도 있다.

일반적인 건축물이 아닌 터널, 지하공동구 등 건축물의 허가가 필요하지 않은 특정소방대상물의 경우에는 설계도서류가 건축물의 허가권자에게 제출되지 않으므로 관련도서류는 소방공사 시공자가 착공신고시 첨부하여 제출하게 된다. 그러므로 이런 경우 소방공사의 시공사가 착공신고서에 첨부할 수 있도록 설계업자는 관련 설계도서류를 발주자 또는 시공자에게 제공하여야 한다.

1.2.2 착공시 대관업무

착공시 관할 소방서의 신고업무는 시공자의 착공신고, 건축주의 감리자 지정신고, 감리자의 감리원 배치신고를 제출함으로써 진행된다.

(1) 소방시설공사의 착공신고 대상

① 신축, 증축, 개축, 재축(再築), 대수선(大修繕) 또는 구조변경, 용도변경되는 특정소방대상물에 다음 각 목의 어느 하나에 해당하는 설비를 신설하는 공사

가. 옥내소화전설비, 옥외소화전설비, 스프링클러설비, 간이스프링클러설비, 물분무소화설비, 포소화설비, 이산화탄소소화설비, 할로겐화합물소화설비, 청정소화약제소화설비 및 분말소화설비(이하 "물분무등소화설비"라 한다), 연결송

수관설비, 연결살수설비, 제연설비(소방용 외의 용도와 겸용되는 제연설비를 「건설산업기본법 시행령」 별표1에 따른 기계설비공사업자가 공사하는 경우는 제외한다), 소화용수설비(소화용수설비를 「건설산업기본법 시행령」 별표1에 따른 기계설비공사업자 또는 상·하수도설비공사업자가 공사하는 경우는 제외한다) 또는 연소방지설비

나. 자동화재탐지설비, 비상경보설비, 비상방송설비(소방용 외의 용도와 겸용되는 비상방송설비를 「정보통신공사업법」에 따른 정보통신공사업자가 공사하는 경우는 제외한다), 비상콘센트설비(비상콘센트설비를 「전기공사업법」에 따른 전기공사업자가 공사하는 경우는 제외한다) 또는 무선통신보조설비(소방용 외의 용도와 겸용되는 무선통신보조설비를 「정보통신공사업법」에 따른 정보통신공사업자가 공사하는 경우는 제외한다)

② 증축, 개축, 재축, 대수선 또는 구조변경, 용도변경되는 특정소방대상물에 다음 각 목의 어느 하나에 해당하는 설비 또는 구역 등을 증설하는 공사

가. 옥내·옥외소화전설비

나. 스프링클러설비, 간이스프링클러설비 또는 물분무등소화설비의 방호구역, 자동화재탐지설비의 경계구역, 제연설비의 제연구역(소방용 외의 용도와 겸용되는 제연설비를 「건설산업기본법 시행령」 별표1에 따른 기계설비공사업자가 공사하는 경우는 제외한다), 연결살수설비의 살수구역, 연결송수관설비의 송수구역, 비상콘센트설비의 전용회로, 연소방지설비의 살수구역

③ 특정소방대상물에 설치된 소방시설 등을 구성하는 다음 각 목의 어느 하나에 해당하는 것의 전부 또는 일부를 교체하거나 보수하는 공사. 다만, 고장 또는 파손 등으로 인하여 작동시킬 수 없는 소방시설을 긴급히 교체하거나 보수하여야 하는 경우에는 신고하지 않을 수 있다.

가. 수신반(受信盤)

나. 소화펌프

다. 동력(감시)제어반

(2) 소방기술자의 배치기준

① 소방시설공사업을 등록한 자는 다음 기준에 맞게 소속 기술자를 소방시설공사 현장에 배치하여야 한다.

표 1.1

구분	배치기준
1. 안전행정부령으로 정하는 특급기술자인 소방기술자(기계 분야 또는 전기 분야)	가. 연면적 20만제곱미터 이상인 특정소방대상물의 공사 현장 나. 지하층을 포함한 층수가 30층 이상인 특정소방대상물의 공사 현장
2. 안전행정부령으로 정하는 고급기술자 이상의 소방기술자(기계분야 또는 전기 분야)	가. 연면적 3만제곱미터 이상 20만제곱미터 미만인 특정소방대상물(아파트는 제외한다)의 공사 현장 나. 지하층을 포함한 층수가 16층 이상 30층 미만인 특정소방대상물의 공사 현장
3. 안전행정부령으로 정하는 중급기술자 이상의 소방기술자(기계 분야 또는 전기 분야)	가. 물분무등소화설비 또는 제연설비가 설치되는 특정소방대상물의 공사 현장 나. 연면적 1만제곱미터 이상인 아파트의 공사 현장 다. 연면적 5천제곱미터 이상 3만제곱미터 미만인 특정소방대상물(아파트는 제외한다)의 공사 현장
4. 안전행정부령으로 정하는 초급기술자 이상의 소방기술자(기계 분야 또는 전기 분야)	연면적 1천제곱미터 이상 5천제곱미터 미만인 특정소방대상물이나 지하구의 공사 현장
5. 법 제28조에 따라 자격수첩을 발급받은 소방기술자	연면적 1천제곱미터 미만인 특정소방대상물의 공사 현장

② 소방공사감리업자가 감리하는 소방시설공사가 다음 각 목의 어느 하나에 해당하는 경우에는 소방기술자를 소방시설공사 현장에 배치하지 않을 수 있다.

가. 소방시설의 비상전원을 「전기공사업법」에 따른 전기공사업자가 공사하는 경우

나. 소화용수시설을 「건설산업기본법 시행령」 별표1에 따른 기계설비공사업자 또는 상·하수도설비공사업자가 공사하는 경우

다. 소방 외의 용도와 겸용되는 제연설비를 「건설산업기본법 시행령」 별표1에 따른 기계설비공사업자가 공사하는 경우

라. 소방 외의 용도와 겸용되는 비상방송설비 또는 무선통신보조설비를 「정보통신공사업법」에 따른 정보통신공사업자가 공사하는 경우

③ 공사업자는 다음 각 목의 경우를 제외하고는 1명의 소방기술자를 2개의 공사 현장을 초과하여 배치해서는 아니 된다. 이 경우 공사 현장 간의 거리는 제한받지 아니한다.

가. 건축물의 연면적이 5천제곱미터 미만인 공사 현장에만 배치하는 경우. 다만, 그 연면적의 합계는 2만제곱미터를 초과하여서는 아니 된다.

나. 건축물의 연면적이 5천제곱미터 이상인 공사 현장 2개 이하와 5천제곱미터 미만인 공사 현장에 같이 배치하는 경우. 다만, 5천제곱미터 미만의 공사 현장의 연면적의 합계는 1만제곱미터를 초과하여서는 아니 된다.

(3) 소방공사감리자 지정 대상 특정소방대상물의 범위

① 연면적 1천제곱미터 이상의 특정소방대상물. 다만, 다음 각 목에 해당하는 특정소방대상물은 제외한다.

가. 비상경보설비를 설치하는 특정소방대상물

나. 증축, 개축, 재축, 대수선 또는 구조변경, 용도변경으로 인하여 다음의 어느 하나에 해당하는 소방시설을 추가로 설치하는 특정소방대상물

- 소화설비 : 수동식소화기, 자동식소화기 또는 간이소화용구
- 단독경보형 감지기
- 비상방송설비
- 누전경보기
- 자동화재속보설비
- 가스누설경보기
- 피난설비 : 미끄럼대, 피난사다리, 구조대, 완강기, 피난교, 피난밧줄, 공기안전매트, 방열복, 공기호흡기, 인공소생기, 유도등, 유도표지, 비상조명등 또는 휴대용 비상조명등

② 자동화재탐지설비, 옥내소화전설비, 스프링클러설비, 물분무등소화설비(호스릴소화설비는 제외한다) 또는 제연설비를 설치하여야 하는 특정소방대상물. 다만, 지하구(地下溝)는 제외한다.

③ 길이가 1천미터 이상인 지하구. 다만, 제1호 각 목에 해당하는 소방시설을 설치하는 것은 제외한다.

(4) 소방공사 감리의 종류, 방법 및 대상

1) 상주 공사 감리

① 대상

- 연면적 3만제곱미터 이상의 특정소방대상물(아파트는 제외한다)에 대한 소방시설의 공사. 다만, 자동화재탐지설비, 옥내소화전설비, 옥외소화전설비

또는 소화용수시설만 설치되는 공사는 제외한다.

- 지하층을 포함한 층수가 16층 이상으로서 500세대 이상인 아파트에 대한 소방시설의 공사

② 방법

공사기간 동안 공사 현장에 상주하여 업무를 수행한다.

2) 비상주 공사 감리

(5) 소방공사 감리원의 배치기준

① 연면적 20만제곱미터 이상인 특정소방대상물 또는 지하층을 포함한 층수가 40층 이상인 특정소방대상물의 공사 현장인 경우 : 특급 감리원 중 소방기술사 자격을 취득한 사람 1명 이상을 배치해야 한다.

② 연면적이 3만제곱미터 이상 20만제곱미터 미만인 특정소방대상물(아파트는 제외한다) 또는 지하층을 포함한 층수가 16층 이상 40층 미만인 특정소방대상물의 공사 현장인 경우 : 특급 감리원 이상의 소방감리원 1명 이상을 배치해야 한다.

③ 물분무등소화설비(호스릴소화설비는 제외한다) 또는 제연설비가 설치되는 특정소방대상물이나 연면적 3만제곱미터 이상인 아파트의 공사 현장인 경우 : 고급 감리원 이상의 소방감리원 1명 이상을 배치해야 한다.

④ 연면적 5천제곱미터 이상 3만제곱미터 미만이거나 지하층을 포함한 층수가 16층 미만인 특정소방대상물의 공사 현장인 경우 : 중급 감리원 이상의 소방감리원 1명 이상을 배치해야 한다.

⑤ 연면적 5천제곱미터 미만인 특정소방대상물의 공사 현장인 경우 : 초급 감리원 이상의 소방감리원 1명 이상을 배치해야 한다.

⑥ 지하구(地下溝)의 공사 현장인 경우 : 초급 감리원 이상의 소방감리원 1명 이상을 배치해야 한다.

1.2.3 준공시 대관업무

준공시 관할 소방서의 신고업무는 시공자의 완공검사신청서, 감리자의 감리결과통보서를 제출함으로써 진행된다.

감리지정 대상이 되는 특정소방대상물의 경우 감리자가 감리결과보고서에 각종 서류를 첨부하여 관할 소방서에 제출하고, 관할 소방서에서 제출된 감리결과보고서를 검토하여 소방시설 완공검사증명서를 교부하게 된다. 이때, 완공검사를 위한 현장확인 대상 특정소방대상물에 해당되는 경우에는 관할 소방서에서 현장확인 후 소방시설 완공검사증명서를 교부하게 된다.

감리지정 대상이 아닌 특정소방대상물의 경우에는 시공자가 완공검사신청서를 제출하며 관할 소방서에서 공사가 완공되었는지 확인한 후 소방시설 완공검사증명서를 교부하게 된다.

Fire Fighting Systems

CHAPTER 2

소방기계설비

소방시설은 반드시 국가화재안전기준(NFSC)에서 정하는 기준을 준수하여 설치되어야 한다. 이 기준에는 현장업무 시 필요한 주요한 사항이나 필요한 부분을 기술하였으므로 해당 내용을 숙지하고 필요시 개별 화재안전기준을 참조하도록 한다. 각 화재안전기준의 전문과 화재안전기준의 이해를 돕기 위한 해설서는 소방방재청 홈페이지에서 다운로드받아 볼 수 있다.

기본적으로 각 시설은 해당 화재안전기준에서 정하는 기준을 따르면 되지만, 2013년 7월 12일 "고층건축물의 화재안전기준(NFSC 604)"이 시행됨에 따라 고층건축물(층수가 30층 이상이거나 높이가 120미터 이상인 건축물. 건축법 제2조(정의) 제1항 제19호)의 경우에는 고층건축물의 화재안전기준을 따르고, 고층건축물의 화재안전기준에서 규정한 것을 제외하고는 관계 법령 및 개별 화재안전기준에서 정하는 바에 따라야 한다.

2.1 소화기구

2.1.1 소화기구의 개요

소화기구는 화재발생시 화재가 확대되기 전에 가장 효율적이고 손쉽게 사용할 수 있는 소방시설로써 소방대뿐만 아니라 관계인이 손쉽게 사용할 수 있다. 이러한 소화기구는 소화기, 자동소화장치, 간이소화용구 등 3가지 형태로 되어 있으며 물 또는 소화약제를 이용하는 사람이 직접 조작하거나 자동으로 약제를 방출할 수 있는 것을 말한다.

2.1.2 소화기구의 적용기준

소방시설 설치·유지 및 안전관리에 관한 법률 시행령 별표5

1) 소화기구를 설치하여야 하는 특정소방대상물은 다음의 어느 하나와 같다.
   가) 연면적 33㎡ 이상인 것. 다만, 노유자시설의 경우에는 투척용 소화용구 등을 화재안전기준에 따라 산정된 소화기 수량의 2분의 1 이상으로 설치할 수 있다.
   나) 가)에 해당하지 않는 시설로서 지정문화재 및 가스시설
   다) 터널

2) 자동소화장치를 설치하여야 하는 특정소방대상물은 다음의 어느 하나와 같다.
   가) 주방용 자동소화장치를 설치하여야 하는 것 : 아파트 등 및 30층 이상 오피스텔의 모든 층
   나) 캐비닛형 자동소화장치, 가스자동소화장치, 분말자동소화장치 또는 고체에어로졸자동소화장치를 설치하여야 하는 것 : 화재안전기준에서 정하는 장소

2.1.3 소화기구의 주요 설치기준

소화기구의 화재안전기준(NFSC 101)

(1) 소화기는 다음 각 목의 기준에 따라 설치할 것

가. 각층마다 설치하되, 특정소방대상물의 각 부분으로부터 1개의 소화기까지의 보행거리가 소형 소화기의 경우에는 20m 이내, 대형 소화기의 경우에는 30m 이내가 되도록 배치할 것

나. 특정소방대상물의 각층이 2 이상의 거실로 구획된 경우에는 각층마다 설치하는 것 외에 바닥면적이 33㎡ 이상으로 구획된 거실(아파트의 경우에는 각 세대를 말한다)에도 배치할 것

(2) 특정소방대상물에 따른 능력단위 기준

표 2.1

특정소방대상물	소화기구의 능력단위
1. 위락시설	해당 용도의 바닥면적 30㎡ 마다 능력단위 1단위 이상
2. 공연장, 집회장, 관람장, 문화재, 장례식장 및 의료시설	해당 용도의 바닥면적 50㎡ 마다 능력단위 1단위 이상
3. 근린생활시설, 판매시설, 운수시설, 숙박시설, 노유자시설, 전시장, 공동주택, 업무시설, 방송통신시설, 공장, 창고시설, 항공기 및 자동차 관련 시설 및 관광휴게시설	해당 용도의 바닥면적 100㎡ 마다 능력단위 1단위 이상
4. 그 밖의 것	해당 용도의 바닥면적 200㎡ 마다 능력단위 1단위 이상

(주) 소화기구의 능력단위를 산출함에 있어서 건축물의 주요 구조부가 내화구조이고, 벽 및 반자의 실내에 면하는 부분이 불연재료 · 준불연재료 또는 난연재료로 된 특정소방대상물에 있어서는 위 표의 기준면적의 2배를 해당 특정소방대상물의 기준면적으로 한다.

(3) 부속용도별로 추가하여야 할 소화기구

표 2.2

용도별	소화기구의 능력단위
1. 다음 각 목의 시설. 다만, 스프링클러설비, 간이스프링클러설비, 물분무등소화설비 또는 주방용 자동소화장치가 설치된 경우에는 자동확산소화장치를 설치하지 아니 할 수 있다. 가. 보일러실(아파트의 경우 방화구획된 것을 제외한다), 건조실, 세탁소, 대량화기취급소 나. 음식점(지하가의 음식점을 포함한다), 다중이용업소, 호텔, 기숙사, 노유자시설, 의료시설, 업무시설, 공장의 주방. 다만, 의료시설, 업무시설 및 공장의 주방은 공동취사를 위한 것에 한한다. 다. 관리자의 출입이 곤란한 변전실, 송전실, 변압기실 및 배전반실(불연재료로 된 상자 안에 장치된 것을 제외한다) 라. 지하구의 제어반 또는 분전반	해당 용도의 바닥면적 25㎡마다 능력단위 1단위 이상의 소화기로 하고, 그 외에 자동확산소화장치를 바닥면적 10㎡ 이하는 1개, 10㎡ 초과는 2개를 설치할 것. 다만, 지하구의 제어반 또는 분전반의 경우에는 제어반 또는 분전반마다 그 내부에 가스식, 분말식, 고체에어로졸식 자동소화장치를 설치하여야 한다.
2. 발전실, 변전실, 송전실, 변압기실, 배전반실, 통신기기실, 전산기기실, 기타 이와 유사한 시설이 있는 장소. 다만, 제1호다목의 장소를 제외한다.	해당 용도의 바닥면적 50㎡마다 적응성이 있는 소화기 1개 이상 또는 유효설치 방호체적 이내의 가스식, 분말식, 고체에어로졸식 자동소화장치, 캐비닛형 자동소화장치(다만, 통신기기실 · 전자기기실을 제외한 장소에 있어서는 교류 600V 또는 직류 750V 이상의 것에 한한다)

그림 2.1 **소화기가 비치된 모습**
벽체에 소화기함을 매립한 후 수납한 형태

그림 2.2 **소화기가 비치된 모습**
소화기 받침대를 사용하여 비치한 형태

그림 2.3 **자동확산소화기가 설치된 모습**
보일러 상부, 주방 등에 설치한다.

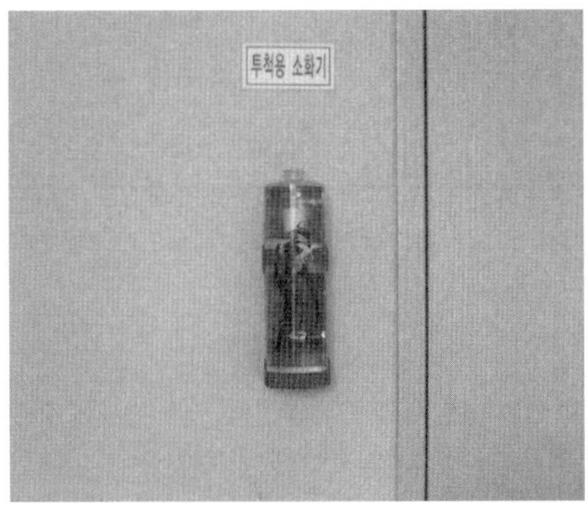

그림 2.4 **투척식 소화기가 설치된 모습**
간이소화용구로써 노유자시설 등에 설치한다.

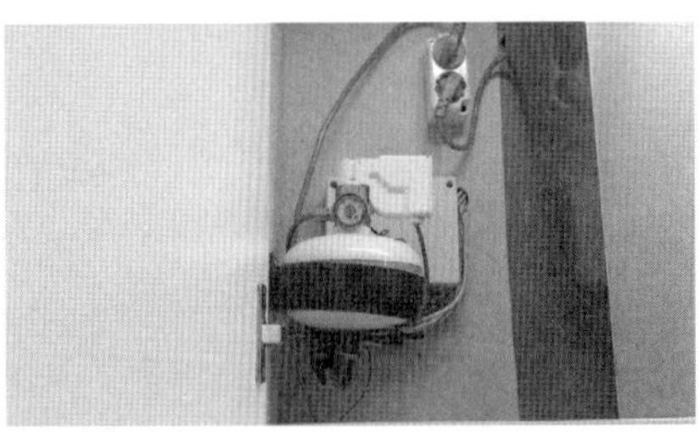

그림 2.5 **주방용 자동소화장치가 설치된 모습**
가스레인지 상부 레인지 후드 근처에 설치된다.

그림 2.6 **주방용 자동소화장치의 온도감지부와 소화약제 방출부**
레인지후드 하단에 설치된다.

그림 2.7 **대형소화기**
대형 소화기는 이동의 용이성을 위해 바퀴가 설치되어 있다.

그림 2.8 **가스계 소화기가 설치된 모습**
분말소화기의 설치가 어려운 곳에 설치한다.

2.2 옥내소화전설비

2.2.1 옥내소화전설비의 개요

옥내소화전설비는 화재발생 초기에 관계인이 사용하여 화재를 진압할 수 있도록 설치된 수계소화설비이다. 고정식으로 설치된 앵글밸브에 소방호스와 관창을 연결하여 소화용수를 화원에 방사하는 수동식 소화설비로서 소방펌프와 수조, 배관, 소화전함, 앵글밸브, 호스, 관창 등이 필요하다. 대부분의 경우 배관 내에 물이 채워져 있는 습식 방식이지만 동파의 우려가 있는 일부의 경우에는 배관 내에 물을 채워놓지 않고 스위치 조작에 의해 펌프를 기동시키는 방식을 사용한다.

2.2.2 옥내소화전설비의 적용기준

소방시설 설치 · 유지 및 안전관리에 관한 법률 시행령 별표5

옥내소화전설비를 설치하여야 하는 특정소방대상물(위험물 저장 및 처리시설 중 가스시설, 지하구 및 방재실 등에서 스프링클러설비 또는 물분무등소화설비를 원격으로 조정할 수 있는 업무시설 중 무인변전소는 제외한다)은 다음의 어느 하나와 같다.

1) 연면적 3천㎡ 이상(지하가 중 터널은 제외한다)이거나 지하층·무창층(축사는 제외한다) 또는 층수가 4층 이상인 것 중 바닥면적이 600㎡ 이상인 층이 있는 것은 모든 층

2) 지하가 중 터널로서 길이가 1천m 이상인 터널

3) 1)에 해당하지 않는 근린생활시설, 판매시설, 운수시설, 의료시설, 노유자시설, 업무시설, 숙박시설, 위락시설, 공장, 창고시설, 항공기 및 자동차 관련 시설, 교정 및 군사시설 중 국방·군사시설, 방송통신시설, 발전시설, 장례식장 또는 복합건축물로서 연면적 1천5백㎡ 이상이거나 지하층·무창층 또는 층수가 4층 이상인 층 중 바닥면적이 300㎡ 이상인 층이 있는 것은 모든 층

4) 건축물의 옥상에 설치된 차고 또는 주차장으로서 차고 또는 주차의 용도로 사용되는 부분의 면적이 200㎡ 이상인 것

5) 1) 및 3)에 해당하지 않는 공장 또는 창고시설로서 「소방기본법 시행령」 별표2에서 정하는 수량의 750배 이상의 특수가연물을 저장·취급하는 것

2.2.3 옥내소화전설비의 주요 설치기준

옥내소화전설비의 화재안전기준(NFSC 102)

고층건축물의 화재안전기준(NFSC 604)

(1) 수원

① **저수량** : 옥내소화전의 설치개수가 가장 많은 층의 설치개수(5개 이상 설치된 경우에는 5개)에 2.6㎥를 곱한 양 이상이 되도록 한다. 다만, 층수가 30층 이상 49층 이하는 5.2㎥를, 50층 이상은 7.8㎥를 곱한 양 이상이 되도록 한다.

② **옥상수조** : 옥내소화전설비의 수원은 제1항에 따라 산출된 유효수량 외에 유효수량의 3분의 1 이상을 옥상에 설치하여야 한다. 다만, 다음 각 호의 어느 하나에 해당하는 경우에는 그러하지 아니하다.

1. 지하층만 있는 건축물
2. 고가수조를 가압송수장치로 설치한 옥내소화전설비
3. 수원이 건축물의 지붕보다 높은 위치에 설치된 경우

4. 건축물의 높이가 지표면으로부터 10m 이하인 경우
5. 주 펌프와 동등 이상의 성능이 있는 별도의 펌프로서 내연기관의 기동과 연동하여 작동되거나 비상전원을 연결하여 설치한 경우
6. 기동스위치방식으로 기동되는 옥내소화전설비
7. 가압수조를 가압송수장치로 설치한 옥내소화전설비

③ **수조** : 점검이 편리한 장소, 동결방지 조치를 하거나 동결의 우려가 없는 장소, 그리고 수위계, 고정식 사다리가 설치되어야 한다. 또한 실내에 설치된 경우에는 조명설비를 설치해야 하며 수조의 밑부분에 청소용 배수밸브나 배수관, 표지를 설치해야 한다.

(2) 가압송수장치

1) 소방펌프의 종류

소방용 펌프로는 원심펌프(Centrifugal Pump)를 주로 사용하는데 원심펌프에는 볼류트(Volute)펌프와 터빈(Turbine)펌프의 2종류가 있다.

2) 소방펌프의 압력

특정소방대상물의 어느 층에서든 해당 층의 옥내소화전(5개 이상 설치된 경우에는 5개의 옥내소화전)을 동시에 사용할 경우, 각 소화전의 노즐선단에서의 방수압력이 0.17MPa(호스릴옥내소화전설비를 포함한다) 이상이고 방수량이 130ℓ /min(호스릴옥내소화전설비를 포함한다) 이상 되는 성능의 것으로 할 것. 다만, 하나의 옥내소화전을 사용하는 노즐선단에서의 방수압력이 0.7MPa을 초과할 경우에는 호스접결구의 인입측에 감압장치를 설치하여야 한다.

3) 소방펌프의 토출량

옥내소화전이 가장 많이 설치된 층의 설치개수(옥내소화전이 5개 이상 설치된 경우에는 5개)에 130ℓ /min를 곱한 양 이상이 되도록 할 것

4) 고층건축물의 경우에는 전동기 또는 내연기관을 이용한 펌프방식의 가압송수장치는 옥내소화전설비 전용으로 설치하며, 옥내소화전설비 주 펌프 이외에 동등 이상인 별도의 예비펌프를 설치하여야 한다.

(3) 배관

1) 배관의 종류

① 배관용 탄소강관(KS D 3507) : 배관 내 사용압력이 1.2MPa 미만일 경우에 사용

② 압력배관용 탄소강관(KS D 3562) : 배관 내 사용압력이 1.2MPa 이상일 경우에 사용

③ 소방용 합성수지배관(CPVC) : 다음 각 호의 어느 하나에 해당하는 장소 사용

- 배관을 지하에 매설하는 경우
- 다른 부분과 내화구조로 구획된 덕트 또는 피트의 내부에 설치하는 경우
- 천장(상층이 있는 경우에는 상층바닥의 하단을 포함한다. 이하 같다)과 반자를 불연재료 또는 준불연 재료로 설치하고 그 내부는 습식으로 배관을 설치하는 경우

2) 배관의 규격

펌프의 토출 측 주배관의 구경은 유속이 4㎧ 이하가 될 수 있는 크기 이상으로 하고, 옥내소화전 방수구와 연결되는 가지배관의 구경은 40mm 이상, 주배관 중 수직배관의 구경은 50mm 이상으로 하여야 한다.

연결송수관설비의 배관과 겸용할 경우의 주배관은 구경 100mm 이상, 방수구로 연결되는 배관의 구경은 65mm 이상의 것으로 하여야 한다.

3) 송수구

옥내소화전설비에는 소방차로부터 그 설비에 송수할 수 있는 송수구를 설치해야 한다.

4) 분기배관

분기배관을 사용할 경우에는 소방방재청장이 정하여 고시한 「분기배관의 성능인증 및 제품검사의 기술기준」에 적합한 것으로 설치하여야 한다.

5) 50층 이상인 건축물의 옥내소화전 주배관 중 수직배관은 2개 이상(주배관 성능을 갖는 농일 호징 배관)으로 설지하여야 하며, 하나의 수직배관의 파손 등 작동 불능 시에도 다른 수직배관으로부터 소화용수가 공급되도록 구성하여야 한다.

(4) 방수구

1) 방수구 설치기준

① 특정소방대상물의 층마다 설치하되, 해당 특정소방대상물의 각 부분으로부터

하나의 옥내소화전 방수구까지의 수평거리가 25m 이하가 되도록 할 것. 다만, 복층형 구조의 공동주택의 경우에는 세대의 출입구가 설치된 층에만 설치할 수 있다.

② 바닥으로부터의 높이가 1.5m 이하가 되도록 할 것

③ 호스는 구경 40mm 이상의 것으로서 특정소방대상물의 각 부분에 물이 유효하게 뿌려질 수 있는 길이로 설치할 것

2) 방수구 설치 제외 장소

불연재료로 된 특정소방대상물 또는 그 부분으로서 다음 각 호의 어느 하나에 해당하는 곳에는 옥내소화전 방수구를 설치하지 아니할 수 있다.

① 냉장창고 중 온도가 영하인 냉장실 또는 냉동창고의 냉동실

② 고온의 노가 설치된 장소 또는 물과 격렬하게 반응하는 물품의 저장 또는 취급장소

③ 발전소, 변전소 등으로서 전기시설이 설치된 장소

④ 식물원, 수족관, 목욕실, 수영장(관람석 부분을 제외한다) 또는 그 밖의 이와 비슷한 장소

⑤ 야외음악당, 야외극장 또는 그 밖의 이와 비슷한 장소

그림 2.9 **옥내소화전이 설치된 모습**
호스와 관창이 앵글밸브에 체결되어 있다.

그림 2.10 **옥내소화전이 설치된 모습**
공장, 창고 등에는 주로 노출로 시공된다.

그림 2.11 **기동스위치방식의 옥내소화전의 모습**
기동스위치(ON, OFF)가 설치되어 있다.

그림 2.12 **기동스위치방식의 옥내소화전의 모습**
호스를 바로 사용할 수 있도록 풀어 놓는다.

그림 2.13 **소화수조가 설치된 모습**
옥상에 설치되어 정압흡입방식이 된다.

그림 2.14 **송수구가 설치된 모습**
사용하기 편리한 장소에 표지와 함께 설치한다.

그림 2.15 **소화배관이 설치된 모습**
타 배관과 구분이 되도록 한다.

그림 2.16 **옥내소화전 설치 후**
방사시험을 실시하는 모습

2.3 스프링클러설비

2.3.1 스프링클러설비의 개요

스프링클러설비는 물을 이용한 자동식 소화설비로 화재를 자동으로 감지하여 소화작업하는 초기 화재용 소화설비이다. 옥내소화전설비와 같이 펌프, 배관 등의 사항은 유사하며 사용되는 유수검지장치 및 일제개방밸브의 종류에 따라 스프링클러의 종류가 구분된다.

2.3.2 스프링클러설비의 적용기준

소방시설 설치 · 유지 및 안전관리에 관한 법률 시행령 별표5

스프링클러설비를 설치하여야 하는 특정소방대상물(위험물 저장 및 처리시설 중 가스시설 또는 지하구는 제외한다)은 다음의 어느 하나와 같다.

1) 문화 및 집회시설(동 · 식물원은 제외한다), 종교시설(주요 구조부가 목조인 것은 제외한다), 운동시설(물놀이형 시설은 제외한다)로서 다음의 어느 하나에 해당하는 경우에는 모든 층
   가) 수용인원이 100명 이상인 것
   나) 영화상영관의 용도로 쓰이는 층의 바닥면적이 지하층 또는 무창층인 경우에는 500m² 이상, 그 밖의 층의 경우에는 1천m² 이상인 것
   다) 무대부가 지하층 · 무창층 또는 4층 이상의 층에 있는 경우에는 무대부의 면적이 300m² 이상인 것
   라) 무대부가 다) 외의 층에 있는 경우에는 무대부의 면적이 500m² 이상인 것
2) 판매시설, 운수시설 및 창고시설(물류터미널에 한정한다)로서 바닥면적 합계가 5천m² 이상이거나 수용인원이 500명 이상인 경우에는 모든 층
3) 층수가 11층 이상인 특정소방대상물의 경우에는 모든 층. 다만, 주택 관련 법령에 따라 기존의 아파트를 리모델링하는 경우로서 건축물의 연면적 및 층높이가 변경되지 않는 경우에는 해당 아파트의 사용검사 당시의 소방시설 적용기준을 적용한다.

4) 다음의 어느 하나에 해당하는 용도로 사용되는 시설의 바닥면적의 합계가 600㎡ 이상인 것은 모든 층

가) 의료시설 중 정신의료기관

나) 의료시설 중 「의료법」 제3조제2항제3호라목에 따른 요양병원(이하 "요양병원"이라 한다)

다) 노유자시설

라) 숙박이 가능한 수련시설

5) 창고시설(물류터미널은 제외한다)로서 바닥면적 합계가 5천㎡ 이상인 경우에는 모든 층.

6) 천장 또는 반자(반자가 없는 경우에는 지붕의 옥내에 면하는 부분)의 높이가 10m를 넘는 래크식 창고(rack warehouse)(물건을 수납할 수 있는 선반이나 이와 비슷한 것을 갖춘 것을 말한다)로서 연면적 1천5백㎡ 이상인 것

7) 1)부터 6)까지의 특정소방대상물에 해당하지 않는 특정소방대상물의 지하층·무창층(축사는 제외한다) 또는 층수가 4층 이상인 층으로서 바닥면적이 1천㎡ 이상인 층

8) 6)에 해당하지 않는 공장 또는 창고시설로서 다음의 어느 하나에 해당하는 시설

가) 「소방기본법 시행령」 별표2에서 정하는 수량의 1천 배 이상의 특수가연물을 저장·취급하는 시설

나) 「원자력안전법 시행령」 제2조제1호에 따른 중·저준위방사성폐기물(이하 "중·저준위방사성폐기물"이라 한다)의 저장시설 중 소화수를 수집·처리하는 설비가 있는 저장시설

9) 지붕 또는 외벽이 불연재료가 아니거나 내화구조가 아닌 공장 또는 창고시설로서 다음의 어느 하나에 해당하는 것

가) 창고시설(물류터미널에 한정한다) 중 2)에 해당하지 않는 것으로서 바닥면적의 합계가 2천5백㎡ 이상이거나 수용인원이 250명 이상인 것

나) 창고시설(물류터미널은 제외한다) 중 5)에 해당하지 않는 것으로서 바닥면적의 합계가 2천5백㎡ 이상인 것

다) 래크식 창고시설 중 6)에 해당하지 않는 것으로서 바닥면적의 합계가 750㎡ 이상인 것

라) 공장 또는 창고시설 중 7)에 해당하지 않는 것으로서 지하층·무창층 또는

층수가 4층 이상인 것 중 바닥면적이 500㎡ 이상인 것

마) 공장 또는 창고시설 중 8) 가)에 해당하지 않는 것으로서 「소방기본법 시행령」 별표2에서 정하는 수량의 500배 이상의 특수가연물을 저장 · 취급하는 시설

10) 지하가(터널은 제외한다)로서 연면적 1천㎡ 이상인 것

11) 기숙사(교육연구시설 · 수련시설 내에 있는 학생을 수용하기 위한 것을 말한다) 또는 복합건축물로서 연면적 5천㎡ 이상인 경우에는 모든 층

12) 교정 및 군사시설 중 다음의 어느 하나에 해당하는 경우에는 해당 장소

가) 보호감호소, 교도소, 구치소 및 그 지소, 보호관찰소, 갱생보호시설, 치료감호시설, 소년원 및 소년분류심사원의 수용거실

나) 「출입국관리법」 제52조제2항에 따른 보호시설(외국인보호소의 경우에는 보호대상자의 생활공간으로 한정한다. 이하 같다)로 사용하는 부분. 다만, 보호시설이 임차건물에 있는 경우는 제외한다.

다) 「경찰관 직무집행법」 제9조에 따른 유치장

13) 1)부터 12)까지의 특정소방대상물에 부속된 보일러실 또는 연결통로 등

2.3.3 스프링클러설비의 주요 설치기준

스프링클러설비의 화재안전기준(NFSC 103)

고층건축물의 화재안전기준(NFSC 604)

(1) 수원

① **저수량** : 다음 표의 스프링클러설비 설치장소별 스프링클러헤드의 기준개수[스프링클러헤드의 설치개수가 가장 많은 층(아파트의 경우에는 설치개수가 가장 많은 세대)에 설치된 스프링클러헤드의 개수가 기준개수보다 적은 경우에는 그 설치개수를 말한다. 이하 같다.]에 1.6m^3를 곱한 양 이상이 되도록 할 것. 다만, 층수가 30층 이상 49층 이하는 3.2m^3를, 50층 이상은 4.8m^3를 곱한 양 이상이 되도록 한다.

표 2.3

스프링클러설비 설치장소			기준개수
지하층을 제외한 층수가 10층 이하인 소방대상물	공장 또는 창고(래크식 창고를 포함한다)	특수가연물을 저장 · 취급하는 것	30
		그 밖의 것	20
	근린생활시설, 판매시설, 운수시설 또는 복합건축물	판매시설 또는 복합건축물(판매시설이 설치되는 복합건축물을 말한다)	30
		그 밖의 것	20
	그 밖의 것	헤드의 부착높이가 8m 이상인 것	20
		헤드의 부착높이가 8m 미만인 것	10
아파트			30
지하층을 제외한 층수가 11층 이상인 소방대상물(아파트를 제외한다), 지하가 또는 지하역사			

② **옥상수조** : 옥내소화전 참조

③ **수조** : 옥내소화전 참조

(2) 가압송수장치

① **소방펌프의 압력** : 하나의 헤드 선단에 0.1MPa 이상 1.2MPa 이하의 방수압력이 될 수 있게 하는 크기일 것

② **소방펌프의 토출량** : 0.1MPa의 방수압력 기준으로 80ℓ /min 이상의 방수성능을 가진 기준개수의 모든 헤드로부터의 방수량을 충족시킬 수 있는 양 이상의 것으로 할 것

③ 고층건축물의 경우에는 전동기 또는 내연기관을 이용한 펌프방식의 가압송수장치는 스프링클러설비 전용으로 설치하고 스프링클러설비 주 펌프 이외에 동등 이상인 별도의 예비펌프를 설치하여야 한다.

(3) 폐쇄형 스프링클러설비의 방호구역 · 유수검지장치

① 하나의 방호구역의 바닥면적은 3,000㎡를 초과하지 아니할 것

② 하나의 방호구역에는 1개 이상의 유수검지장치를 설치하되 2개 층에 미치지 아니하도록 할 것. 다만, 1개 층에 설치되는 스프링클러헤드의 수가 10개 이하인 경우와 복층형 구조의 공동주택에는 3개 층 이내로 할 수 있다.

③ 유수검지장치를 실내에 설치하거나 보호용 철망 등으로 구획하여 바닥으로부터

0.8m 이상 1.5m 이하의 위치에 설치하되, 그 실 등에는 가로 0.5m 이상 세로 1m 이상의 출입문을 설치하고 그 출입문 상단에 "유수검지장치실"이라고 표시한 표지를 설치할 것

④ 스프링클러헤드에 공급되는 물은 유수검지장치를 지나도록 할 것. 다만, 송수구를 통하여 공급되는 물은 그러하지 아니하다.

(4) 배관

1) 배관의 종류

① 배관용 탄소강관(KS D 3507) : 배관 내 사용압력이 1.2MPa 미만일 경우에 사용

② 압력배관용 탄소강관(KS D 3562) : 배관 내 사용압력이 1.2MPa 이상일 경우에 사용

③ 소방용 합성수지배관(CPVC) : 다음 각 호의 어느 하나에 해당하는 장소 사용

- 배관을 지하에 매설하는 경우
- 다른 부분과 내화구조로 구획된 덕트 또는 피트의 내부에 설치하는 경우
- 천장(상층이 있는 경우에는 상층바닥의 하단을 포함한다. 이하 같다)과 반자를 불연재료 또는 준불연 재료로 설치하고 그 내부는 습식으로 배관을 설치하는 경우

2) 배관의 규격

배관의 구경은 법적인 헤드의 압력과 토출량에 적합하도록 수리계산에 의하거나 아래 표의 기준에 따라 설치할 것. 다만, 수리계산에 따르는 경우 가지배관의 유속은 6㎧, 그 밖의 배관의 유속은 10㎧를 초과할 수 없다.

표 2.4

구분 \ 급수관의 구경	25	32	40	50	65	80	90	110	125	150
가	2	3	5	10	30	60	8	100	160	161 이상
나	2	4	7	15	30	60	65	100	160	161 이상
다	1	2	5	8	15	27	40	55	90	91 이상

구분) 가 : 폐쇄형 스프링클러헤드를 사용하는 경우
나 : 폐쇄형 스프링클러헤드를 설치하고 반자 아래의 헤드와 반자 속의 헤드를 동일 급수관의 가지관상에 병설하는 경우
다 : 무대부 및 특수가연물을 저장 또는 취급하는 장소의 경우

3) 가지배관

① 토너먼트(tournament)방식이 아닐 것

② 교차배관에서 분기되는 지점을 기점으로 한쪽 가지배관에 설치되는 헤드의 개수(반자 아래와 반자 속의 헤드를 하나의 가지배관 상에 병설하는 경우에는 반자 아래에 설치하는 헤드의 개수)는 8개 이하로 할 것

4) 50층 이상인 건축물의 스프링클러설비 주 배관 중 수직배관은 2개 이상(주 배관 성능을 갖는 동일 호칭 배관)으로 설치하고, 하나의 수직배관이 파손 등 작동 불능시에도 다른 수직배관으로부터 소화용수가 공급되도록 구성하여야 하며, 각각의 수직배관에 유수검지장치를 설치하여야 한다.

5) 50층 이상인 건축물의 스프링클러헤드에는 2개 이상의 가지배관 양방향에서 소화용수가 공급되도록 하고 수리계산에 의해 설계하여야 한다.

(5) 헤드

스프링클러헤드는 특정소방대상물의 천장, 반자, 천장과 반자 사이, 덕트, 선반 기타 이와 유사한 부분(폭이 1.2m를 초과하는 것에 한한다)에 설치하여야 한다. 다만, 폭이 9m 이하인 실내에서는 측벽에 설치할 수 있다.

1) 헤드의 살수 반경

① 무대부 · 「소방기본법시행령」 별표2의 특수가연물을 저장 또는 취급하는 장소에 있어서는 1.7m 이하

② 래크식 창고에 있어서는 2.5m 이하. 다만, 특수가연물을 저장 또는 취급하는 래크식 창고의 경우에는 1.7m 이하

③ 공동주택(아파트) 세대 내의 거실에 있어서는 3.2m 이하(「스프링클러헤드의 형식 승인 및 제품검사의 기술기준」 유효반경의 것으로 한다)

④ 제1호부터 제3호까지 규정 외의 특정소방대상물에 있어서는 2.1m 이하(내화구조로 된 경우에는 2.3m 이하)

2) 조기반응형 헤드의 설치 대상

① 공동주택 · 노유자시설의 거실

② 오피스텔 · 숙박시설의 침실, 병원의 입원실

3) 헤드의 설치기준

① 살수가 방해되지 아니하도록 스프링클러헤드로부터 반경 60cm 이상의 공간을 보유할 것. 다만, 벽과 스프링클러헤드 간의 공간은 10cm 이상으로 한다.

② 스프링클러헤드와 그 부착면(상향식 헤드의 경우에는 그 헤드 직상부의 천장, 반자 또는 이와 비슷한 것을 말한다. 이하 같다)과의 거리는 30cm 이하로 할 것

③ 배관, 행거 및 조명기구 등 살수를 방해하는 것이 있는 경우에는 제1호 및 제2호에도 불구하고 그로부터 아래에 설치하여 살수에 장애가 없도록 할 것. 다만, 스프링클러헤드와 장애물과의 이격거리를 장애물 폭의 3배 이상 확보한 경우에는 그러하지 아니하다.

④ 스프링클러헤드의 반사판은 그 부착면과 평행하게 설치할 것. 다만, 측벽형 헤드 또는 제6호에 의거하여 연소할 우려가 있는 개구부에 설치하는 스프링클러헤드의 경우에는 그러하지 아니하다.

4) 헤드의 설치 제외가 가능한 장소

① 계단실(특별피난계단의 부속실을 포함한다), 경사로, 승강기의 승강로, 비상용 승강기의 승강장, 파이프 덕트 및 덕트피트(파이프 덕트를 통과시키기 위한 구획된 구멍에 한한다), 목욕실, 수영장(관람석 부분을 제외한다), 화장실, 직접 외기에 개방되어 있는 복도, 기타 이와 유사한 장소

② 통신기기실, 전자기기실, 기타 이와 유사한 장소

③ 발전실, 변전실, 변압기, 기타 이와 유사한 전기설비가 설치되어 있는 장소

④ 병원의 수술실, 응급처치실, 기타 이와 유사한 장소

⑤ 천장과 반자 양쪽이 불연재료로 되어 있는 경우로서 그 사이의 거리 및 구조가 다음 각 목의 어느 하나에 해당하는 부분

가. 천장과 반자 사이의 거리가 2m 미만인 부분

나. 천장과 반자 사이의 벽이 불연재료이고 천장과 반자 사이의 거리가 2m 이상으로서 그 사이에 가연물이 존재하지 아니하는 부분

⑥ 천장, 반자 중 한쪽이 불연재료로 되어 있고 천장과 반자 사이의 거리가 1m 미만인 부분

⑦ 천장 및 반자가 불연재료 외의 것으로 되어 있고 천장과 반자 사이의 거리가

0.5m 미만인 부분

⑧ 펌프실, 물탱크실, 엘리베이터 권상기실, 그 밖의 이와 비슷한 장소

⑨ 현관 또는 로비 등으로서 바닥으로부터의 높이가 20m 이상인 장소

⑩ 영하의 냉장창고 냉장실 또는 냉동창고의 냉동실

⑪ 고온의 노가 설치된 장소 또는 물과 격렬하게 반응하는 물품의 저장 또는 취급장소

⑫ 불연재료로 된 특정소방대상물 또는 그 부분으로서 다음 각 목의 어느 하나에 해당하는 장소

가. 정수장, 오물처리장, 그 밖의 이와 비슷한 장소

나. 펄프공장의 작업장, 음료수공장의 세정 또는 충전하는 작업장, 그 밖의 이와 비슷한 장소

다. 불연성의 금속, 석재 등의 가공공장으로서 가연성 물질을 저장 또는 취급하지 아니하는 장소

⑬ 실내에 설치된 테니스장, 게이트볼장, 정구장 또는 이와 비슷한 장소로서 실내바닥, 벽, 천장이 불연재료나 준불연재료로 구성되어 있고, 가연물이 존재하지 않는 장소로서 관람석이 없는 운동시설(지하층은 제외한다)

⑭ 「건축법 시행령」 제46조제4항에 따른 공동주택 중 아파트의 대피공간

그림 2.17 **준비작동식 유수검지장치(프리액션 밸브)** 1차 측 보온전으로 시공중인 모습

그림 2.18 **준비작동식 유수검지장치(프리액션 밸브)** 보온까지 완료된 모습

그림 2.19 **소방펌프실**
밸브 조작의 편의를 위해 발판을 설치했다.

그림 2.20 **기동용 수압개폐장치**
압력스위치 동작으로 펌프가 자동기동한다.

그림 2.21 **자동배수밸브가 설치된 모습**
건식 배관의 말단에 설치한다.

그림 2.22 **유수검지장치실**
너비 0.5m, 높이 1.0m 이상의 면적 확보

그림 2.23 **송수구가 설치된 모습**
소방차의 접근이 용이한 곳에 설치한다.

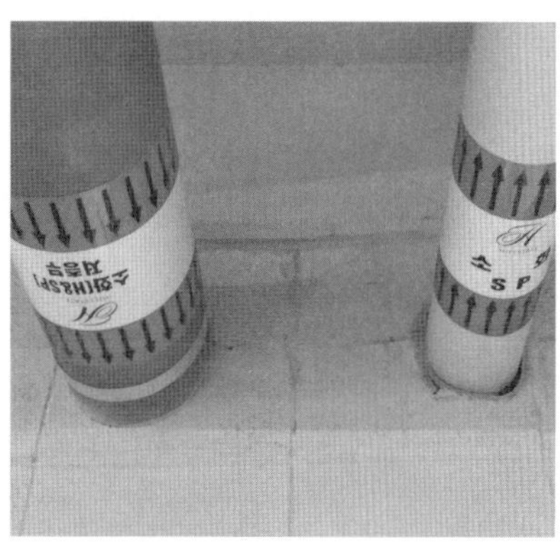

그림 2.24 **스프링클러 배관이 설치된 모습**
각 배관의 용도와 흐름의 방향을 표시했다.

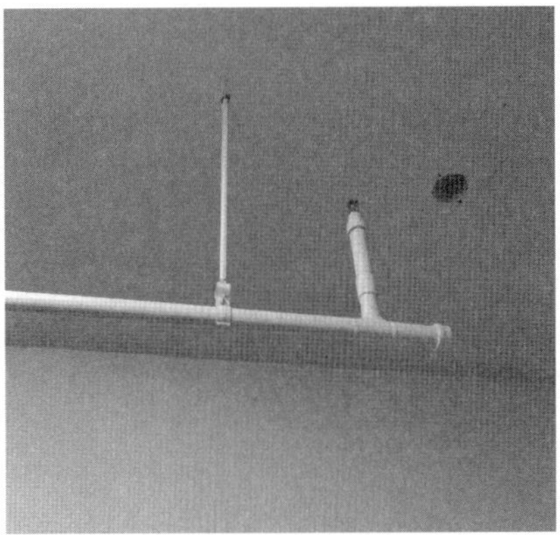

그림 2.25 **스프링클러헤드 설치 모습**
상향식 헤드가 설치되었다.

그림 2.26 **스프링클러헤드 설치 모습**
하향식 헤드가 플렉시블 배관에 설치되었다.

그림 2.27 **시험밸브함**
습식, 건식, 부압식에 설치된다.

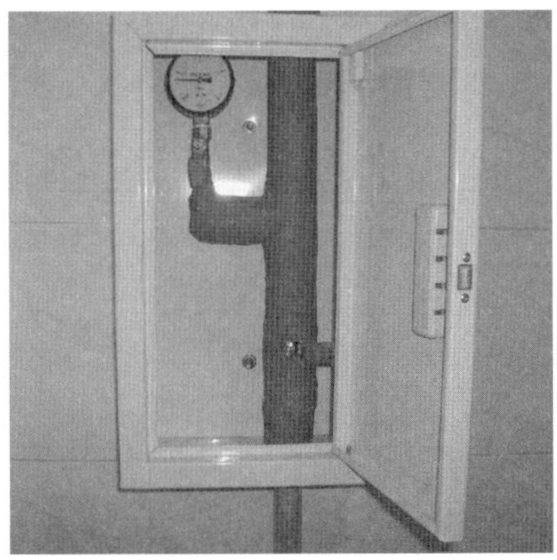

그림 2.28 **시험밸브함**
내부에는 압력계와 개폐밸브가 설치된다.

2.4 물분무등소화설비

2.4.1 물분무등소화설비의 개요

물분무등소화설비는 가스계소화설비로 분류되는 이산화탄소소화설비, 할로겐화합물소화설비, 청정소화약제소화설비와 분말소화설비, 포소화설비, 물분무소화설비를 지칭하는 용어로써 물로 소화를 하는 수계소화설비를 적용하기 어려운 장소에 사용하기 위한 소화설비이다. 전기가 통전중인 장소, 고가의 미술품이나 기계장치가 설치되어 있는 장소, 유류화재가 예상되는 장소 등에는 수계소화설비의 적용이 어려우므로 이런 경우 사용하게 된다.

물분무등소화설비는 기본적으로 자동식 소화설비이며 오작동 발생시 인체의 위험성, 비용, 환경오염 등이 발생하므로 스프링클러설비의 준비작동식과 같이 교차배관방식의 감지시스템을 적용하여 2가지 회로의 감지기가 모두 작동되어야 동작한다.

최근 환경문제 및 인체유해성 때문에 가스계소화설비 중 할로겐화합물소화설비는 특수한 상황이 아니면 사용되지 않으며, 이산화탄소소화설비의 사용량도 많이 줄어들어 청정소화약제소화설비로 대체되고 있으며 추후에도 청정소화약제소화설비의 개발이 활발히 이루어질 것으로 판단된다.

2.4.2 물분무등소화설비의 적용기준

소방시설 설치 · 유지 및 안전관리에 관한 법률 시행령 별표5

물분무등소화설비를 설치하여야 하는 특정소방대상물(위험물 저장 및 처리시설 중 가스시설 또는 지하구는 제외한다)은 다음의 어느 하나와 같다.

1) 항공기 및 자동차 관련 시설 중 항공기격납고
2) 주차용 건축물(「주차장법」 제2조제3호에 따른 기계식주차장을 포함한다)로서 연면적 800m² 이상인 것
3) 건축물 내부에 설치된 차고 또는 주차장으로서 차고 또는 주차의 용도로 사용되는 부분(「건축법 시행령」 제119조제1항제3호다목의 필로티를 주차용도로 사용하는 경우를 포함한다)의 바닥면적의 합계가 200m² 이상인 것
4) 「주차장법」 제2조제2호에 따른 기계식주차장치를 이용하여 20대 이상의 차량을 주차할 수 있는 것
5) 특정소방대상물에 설치된 전기실, 발전실, 변전실(가연성 절연유를 사용하지 않는 변압기, 전류차단기 등의 전기기기와 가연성 피복을 사용하지 않은 전선 및 케이블만을 설치한 전기실, 발전실 및 변전실은 제외한다), 축전지실, 통신기기실 또는 전산실, 그 밖의 이와 비슷한 것으로서 바닥면적이 300m² 이상인 것[하나의 방화구획 내에 둘 이상의 실(室)이 설치되어 있는 경우에는 이를 하나의 실로 보아 바닥면적을 산정한다.]. 다만, 내화구조로 된 공정제어실 내에 설치된 주조정

실로서 양압시설이 설치되고 전기기기에 220볼트 이하인 저전압이 사용되며 종업원이 24시간 상주하는 곳은 제외한다.

6) 소화수를 수집 · 처리하는 설비가 설치되어 있지 않은 중 · 저준위 방사성폐기물의 저장시설. 다만, 이 경우에는 이산화탄소소화설비, 할로겐화합물소화설비 또는 청정소화약제소화설비를 설치하여야 한다.

7) 지하가 중 길이가 3천m 이상으로서 교통량, 경사도 등 터널의 특성을 고려하여 행정안전부령으로 정하는 위험등급 이상에 해당하는 터널. 다만, 이 경우에는 물분무소화설비를 설치하여야 한다.

8) 「문화재보호법」 제2조제2항제1호 및 제2호에 따른 지정문화재 중 소방방재청장이 문화재청장과 협의하여 정하는 것

2.4.3 물분무등소화설비(청정소화약제)의 주요 설치기준

청정소화약소화설비의 화재안전기준(NFSC 107A)

(1) 물분무등소화설비는 그 특성상 수계산이 거의 불가능하여 컴퓨터 프로그램을 이용하여 설계하게 되는데, 이 경우에는 "가스계소화설비의 설계프로그램 성능인증 및 제품검사 기술기준"에 적합한 설계프로그램을 사용하여 설계해야 한다.

(2) 저장용기 설치기준

① 방호구역 외의 장소에 설치할 것. 다만, 방호구역 내에 설치할 경우에는 피난 및 조작이 용이하도록 피난구 부근에 설치하여야 한다.

② 온도가 55℃ 이하이고 온도의 변화가 적은 곳에 설치할 것

③ 직사광선 및 빗물이 침투할 우려가 없는 곳에 설치할 것

④ 저장용기를 방호구역 외에 설치한 경우에는 방화문으로 구획된 실에 설치할 것

⑤ 용기의 설치장소에는 해당 용기가 설치된 곳임을 표시하는 표지를 할 것

⑥ 용기 간의 간격은 점검에 지장이 없도록 3cm 이상의 간격을 유지할 것

⑦ 저장용기와 집합관을 연결하는 연결배관에는 체크밸브를 설치할 것. 다만, 저장용기가 하나의 방호구역만을 담당하는 경우에는 그러하지 아니하다.

(3) 기동장치의 설치기준

① 수동식 기동장치는 다음 각 목의 기준에 따라 설치할 것. 이 경우 수동식 기동장치 부근에는 소화약제의 방출을 지연시킬 수 있는 비상스위치(자동복귀형 스위치로서 수동식 기동장치의 타이머를 순간 정지시키는 기능의 스위치를 말한다)를 설치하여야 한다.

가. 방호구역마다 설치

나. 해당 방호구역의 출입구 부근 등 조작을 하는 자가 쉽게 피난할 수 있는 장소에 설치할 것

다. 기동장치의 조작부는 바닥으로부터 0.8m 이상 1.5m 이하의 위치에 설치하고, 보호판 등에 따른 보호장치를 설치할 것

라. 기동장치에는 가깝고 보기 쉬운 곳에 "청정소화약제소화설비 기동장치"라는 표지를 할 것

마. 전기를 사용하는 기동장치에는 전원표시등을 설치할 것

바. 기동장치의 방출용 스위치는 음향경보장치와 연동하여 조작될 수 있는 것으로 할 것

사. 5kg 이하의 힘을 가하여 기동할 수 있는 구조로 설치

② 자동식 기동장치는 자동화재탐지설비의 감지기 작동과 연동하는 것으로서 다음 각 목의 기준에 따라 설치할 것

가. 자동식 기동장치에는 제1호의 기준에 따른 수동식 기동장치를 함께 설치할 것

나. 기계식, 전기식 또는 가스압력식에 따른 방법으로 기동하는 구조로 설치할 것

③ 청정소화약제소화설비가 설치된 구역의 출입구에는 소화약제가 방출되고 있음을 나타내는 표시등을 설치할 것

(4) 분사헤드

① 분사헤드의 설치높이는 방호구역의 바닥으로부터 최소 0.2m 이상 최대 3.7m 이하로 하여야 하며, 천장높이가 3.7m를 초과할 경우에는 추가로 다른 열의 분사헤드를 설치할 것. 다만, 분사헤드의 성능인정 범위 내에서 설치하는 경우에는 그러하지 아니하다.

② 분사헤드의 개수는 방호구역에 청정소화약제가 10초(불활성가스 청정소화약제는 1분) 이내에 방호구역 각 부분에 최소설계농도의 95% 이상 해당하는 약제량이 방출되도록 설치할 것

③ 분사헤드에는 부식방지 조치를 하여야 하며 오리피스의 크기, 제조일자, 제조업체가 표시되도록 할 것

그림 2.29 **이산화탄소소화설비의 가스저장실**
각 저장용기가 집합관에 연결되어 있다.

그림 2.30 **청정소화약제소화설비의 가스저장실**
우측에 선택밸브가 설치되어 있다.

그림 2.31 **선택밸브가 설치되어 있는 모습**
선택밸브 동작을 위해 동관이 연결되었다.

그림 2.32 **기동용기함이 설치되어 있는 모습**
감지기 동작에 의해 작동한다.

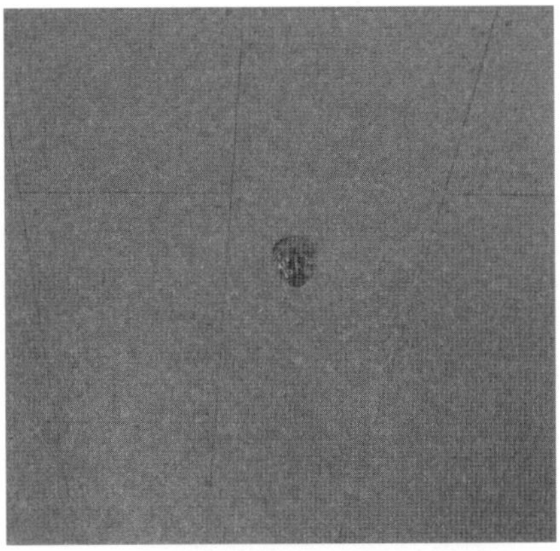

그림 2.33 **이산화탄소소화설비의 방출 헤드**
반자가 설치되는 경우

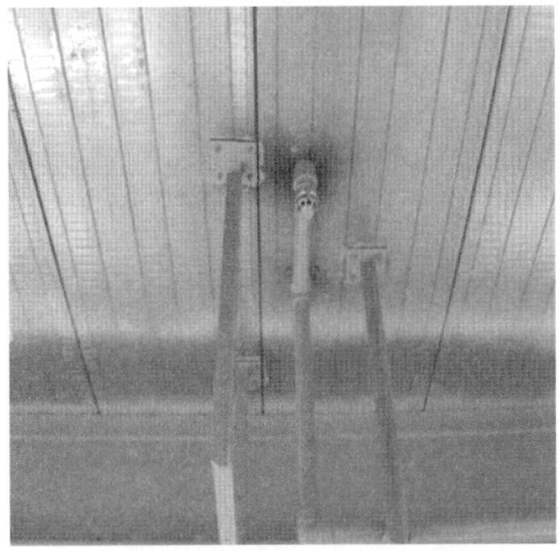

그림 2.34 **청정소화약제소화설비의 방출 헤드**
반자가 설치되지 않는 경우

그림 2.35 **호스릴 이산화탄소소화설비**
외부에 위치표시등이 설치된다.

그림 2.36 **호스릴 이산화탄소소화설비**
내부에는 약제저장용기 및 노즐 등이 있다.

2.5 옥외소화전설비

2.5.1 옥외소화전설비의 개요

옥외소화전설비는 개념적으로 옥내소화전설비와 동일하다. 옥내소화전이 건축물 내부에 설치되어 있어 관계인이 소화활동을 할 수 있는 설비라면, 옥외소화전설비는 외부에 설치되어 있어 외부에서 건축물 내부로 소화활동을 할 수 있도록 하면서 인접한 건축물로 화염이 확대되는 것을 방지하기 위한 설비이다.

2.5.2 옥외소화전설비의 적용기준

소방시설 설치·유지 및 안전관리에 관한 법률 시행령 별표5

옥외소화전설비를 설치하여야 하는 특정소방대상물은 다음의 어느 하나와 같다(아파트, 위험물 저장 및 처리시설 중 가스시설, 지하구 또는 지하가 중 터널은 제외한다).

1) 지상 1층 및 2층 바닥면적의 합계가 9천㎡ 이상인 것. 이 경우 같은 구(區) 내의 둘 이상의 특정소방대상물이 행정안전부령으로 정하는 연소(延燒) 우려가 있는 구조인 경우에는 이를 하나의 특정소방대상물로 본다.
2) 「문화재보호법」 제23조에 따라 보물 또는 국보로 지정된 목조건축물
3) 1)에 해당하지 않는 공장 또는 창고시설로서 「소방기본법 시행령」 별표2에서 정하는 수량의 750배 이상의 특수가연물을 저장·취급하는 것

2.5.3 옥외소화전설비의 주요 설치기준

옥외소화전설비의 화재안전기준(NFSC 109)

(1) 수원

• 저수량 : 옥외소화전설비의 수원은 그 저수량이 옥외소화전의 설치개수(옥외소화전이 2개 이상 설치된 경우에는 2개)에 7㎥를 곱한 양 이상이 되도록 하여야 한다.

(2) 가압송수장치

• 소방펌프의 압력 : 해당 특정소방대상물에 설치된 옥외소화전(2개 이상 설치된 경우에는 2개의 옥외소화전)을 동시에 사용할 경우, 각 옥외소화전의 노즐선단에서의 방수압력이 0.25MPa 이상이고 방수량이 350ℓ /min 이상이 되는 성능의 것으로 할 것. 이 경우 하나의 옥외소화전을 사용하는 노즐선단에서의 방수압력이 0.7MPa을 초과할 경우에는 호스접결구의 인입 측에 감압장치를 설치하여야 한다.

(3) 배관 등

① 호스접결구는 특정소방대상물의 각 부분으로부터 하나의 호스접결구까지의 수평거리가 40m 이하가 되도록 설치하여야 한다.

② 호스접결구는 특정소방대상물의 각 부분으로부터 하나의 호스접결구까지의 수평거리가 40m 이하가 되도록 설치하여야 한다.

(4) 소화전함 등

옥외소화전설비에는 옥외소화전마다 5m 이내의 장소에 소화전함을 다음 각 호의 기준에 따라 설치하여야 한다.

1. 옥외소화전이 10개 이하 설치된 때에는 옥외소화전마다 5m 이내의 장소에 1개 이상의 소화전함을 설치하여야 한다.
2. 옥외소화전이 11개 이상 30개 이하 설치된 때에는 11개 이상의 소화전함을 각각 분산하여 설치하여야 한다.
3. 옥외소화전이 31개 이상 설치된 때에는 옥외소화전 3개마다 1개 이상의 소화전함을 설치하여야 한다.

그림 2.37 **옥외소화전이 설치된 모습**
옥외소화전과 소화전함이 각각 설치됨

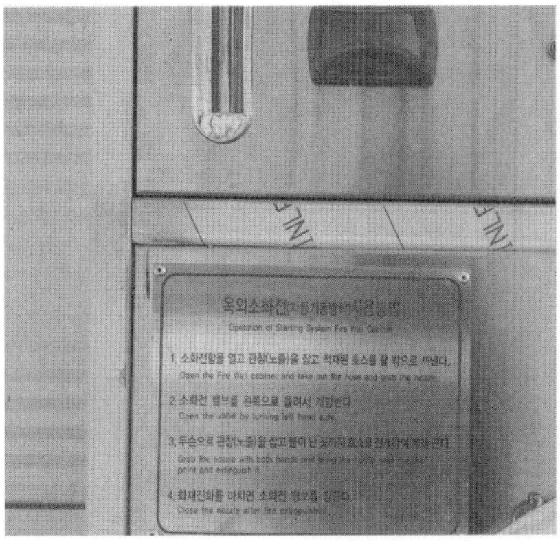

그림 2.38 **옥외소화전 사용방법 표지**
한글과 외국어가 함께 표기되어야 한다.

2.6 피난설비

2.6.1 피난설비의 개요

피난설비는 크게 피난기구와 인명구조기구로 구분된다. 피난설비는 정상적인 피난 경로(복도, 계단 등)를 이용하여 안전이 확보되는 옥외 또는 피난구역으로의 대피가 어려울 때 사용하기 위한 기구로써 완강기, 피난사다리 등이 있다. 최근에는 여러 명이 함께 피난할 수 있도록 하거나 피난활동에 매우 불리한 장애인이나 노약자도 쉽게 이용할 수 있는 기구들이 지속적으로 개발되고 있는 상황이다.

인명구조기구는 방열복과 공기호흡기, 인공소생기 등 화재발생 시 화재실 내부 인원의 피난을 돕고 부상당한 인원의 긴급구호활동을 위한 기구이다. 또한 가스계소화설비가 설치된 장소에서 가스방출 후 내부로의 출입을 용이하게 하기 위해서 사용되기도 한다.

2.6.2 피난설비의 적용기준

소방시설 설치 · 유지 및 안전관리에 관한 법률 시행령 별표5

가. 피난기구는 특정소방대상물의 모든 층에 화재안전기준에 적합한 것으로 설치하여야 한다. 다만, 피난층, 지상 1층, 지상 2층 및 층수가 11층 이상인 층과 위험물 저장 및 처리시설 중 가스시설, 지하가 중 터널 또는 지하구의 경우에는 그러하지 아니하다.

나. 인명구조기구를 설치하여야 하는 특정소방대상물은 다음의 어느 하나와 같다.

1) 방열복, 인공소생기 및 공기호흡기를 설치하여야 하는 특정소방대상물 : 지하층을 포함하는 층수가 7층 이상인 관광호텔

2) 방열복 및 공기호흡기를 설치하여야 하는 특정소방대상물 : 지하층을 포함하는 층수가 5층 이상인 병원

3) 공기호흡기를 설치하여야 하는 특정소방대상물은 다음의 어느 하나와 같다.

가) 수용인원 100명 이상인 문화 및 집회시설 중 영화상영관

나) 판매시설 중 대규모 점포

다) 운수시설 중 지하역사

라) 지하가 중 지하상가

마) 제1호바목 및 화재안전기준에 따라 이산화탄소소화설비를 설치하여야 하는 특정소방대상물

2.6.3 피난기구의 설치기준

피난기구의 화재안전기준(NFSC 301)

(1) 피난기구의 종류(정의)

① "피난사다리"란 화재 시 긴급대피를 위해 사용하는 사다리를 말한다.

② "완강기"란 사용자의 몸무게에 따라 자동적으로 내려올 수 있는 기구 중 사용자가 교대하여 연속적으로 사용할 수 있는 것을 말한다.

③ "간이완강기"란 사용자의 몸무게에 따라 자동적으로 내려올 수 있는 기구 중 사용자가 연속적으로 사용할 수 없는 것을 말한다.

④ "구조대"란 포지 등을 사용하여 자루형태로 만든 것으로서 화재 시 사용자가 그 내부에 들어가서 내려옴으로써 대피할 수 있는 것을 말한다.

⑤ "공기안전매트"란 화재발생 시 사람이 건축물 내에서 외부로 긴급히 뛰어 내릴 때, 충격을 흡수하여 안전하게 지상에 도달할 수 있도록 포지에 공기 등을 주입하는 구조로 되어 있는 것을 말한다.

⑥ "피난밧줄"이란 급격한 하강을 방지하기 위한 매듭 등을 만들어 놓은 밧줄을 말한다.

⑦ "다수인피난장비"란 화재 시 2인 이상의 피난자가 동시에 해당 층에서 지상 또는 피난층으로 하강하는 피난기구를 말한다.

⑧ "승강식 피난기"란 사용자의 몸무게에 의하여 자동으로 하강하고 내려서면 스스로 상승하여 연속적으로 사용할 수 있는 무동력 승강식 피난기를 말한다.

⑨ "하향식 피난구용 내림식사다리"란 하향식 피난구 해치에 격납하여 보관하고 사용 시에는 사다리 등이 소방대상물과 접촉되지 아니하는 내림식사다리를 말한다.

(2) 소방대상물의 설치장소별 피난기구의 적응성

표 2.5

구분 ＼ 층별 설치장소별	지하층	2층	3층	4층 이상 10층 이하
의료시설(장례식장을 제외한다), 노유자시설, 근린생활시설 중 입원실이 있는 의원 · 산후조리원 · 접골원 · 조산소	피난용 트랩		미끄럼대, 구조대, 피난교, 피난용 트랩, 다수인피난장비, 승강식피난기	구조대, 피난교, 피난용 트랩, 다수인피난장비, 승강식피난기
근린생활시설(입원실이 있는 의원 · 산후조리원 · 접골원 · 조산소는 제외한다), 위락시설, 문화집회 및 운동시설, 판매시설 및 영업시설, 숙박시설, 공동주택, 업무시설, 통신촬영시설, 교육연구시설, 공장, 운수자동차 관련시설(주차용 건축물 및 차고, 세차장, 폐차장 및 주차장을 제외한다), 관광휴게시설(야외음악당 및 야외극장을 제외한다), 의료시설 중 장례식장	피난사다리, 피난용 트랩		미끄럼대, 피난사다리, 구조대, 완강기, 피난교, 피난용 트랩, 간이완강기, 피난밧줄, 공기안전매트, 다수인피난장비, 승강식피난기	피난사다리, 구조대, 완강기, 피난교, 간이완강기, 공기안전매트, 다수인피난장비, 승강식피난기

2.6.4 인명구조기구의 설치기준

인명구조기구의 화재안전기준(NFSC 302)

(1) 인명구조기구의 종류(정의)

① "방열복"이란 고온의 복사열에 가까이 접근하여 소방활동을 수행할 수 있는 내열피복을 말한다.

② "공기호흡기"란 소화활동 시에 화재로 인하여 발생하는 각종 유독가스 중에서 일정 시간 사용할 수 있도록 제조된 압축공기식 개인호흡장비(보조마스크를 포함한다)를 말한다.

③ "인공소생기"란 호흡부전 상태인 사람에게 인공호흡을 시켜 환자를 보호하거나 구급하는 기구를 말한다.

(2) 특정소방대상물의 용도 및 장소별로 설치하여야 할 인명구조기구

표 2.6

특정소방대상물	인명구조기구의 종류	설치 수량
• 지하층을 포함하는 층수가 7층 이상인 관광호텔 및 5층 이상인 병원	• 방열복 • 공기호흡기 • 인공소생기	• 각 2개 이상 비치할 것. 다만, 병원의 경우에는 인공소생기를 설치하지 않을 수 있다.
• 문화 및 집회시설 중 수용인원 100명 이상의 영화상영관 • 판매시설 중 대규모 점포 • 운수시설 중 지하역사 • 지하가 중 지하상가	• 공기호흡기	• 층마다 2개 이상 비치할 것. 다만, 각층마다 갖추어 두어야 할 공기호흡기 중 일부를 직원이 상주하는 인근 사무실에 갖추어 둘 수 있다.
• 물분무등소화설비 중 이산화탄소소화설비를 설치하여야 하는 특정소방대상물	• 공기호흡기	• 이산화탄소소화설비가 설치된 장소의 출입구 외부 인근에 1대 이상 비치할 것

그림 2.39 **구조대가 설치된 모습**
발판을 설치하여 사용이 편리하도록 했다.

그림 2.40 **완강기가 설치된 모습**
자립형 지지대가 설치되었다.

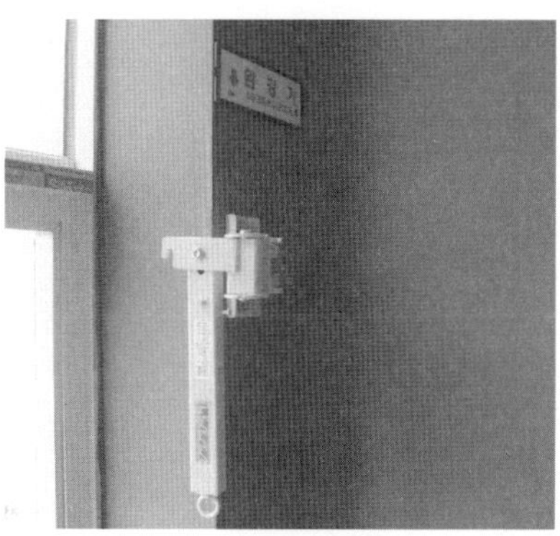

그림 2.41 **완강기가 설치된 모습**
벽체 부착형 지지대가 설치되었다.

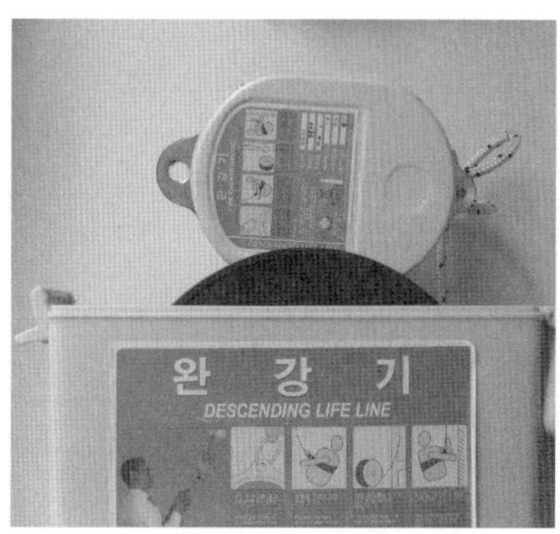

그림 2.42 **완강기함이 설치된 모습**
완강기함 내부에 보관되어 있다.

2.7 소화용수설비

2.7.1 소화용수설비의 개요

소화용수설비는 소화활동 시 소방대에 소방용수 공급을 위한 설비이다. 특정소방대상물이 옥내소화전이나 스프링클러 등의 수계소화설비가 설치될 경우 자체적으로 법적 유효수량을 보유하게 되고 소방대도 자체적으로 소화수를 보유하고 소화활동을 하게 되지만, 일정 규모 이상의 특정소방대상물의 경우에는 추가로 필요할 수 있는 소화수를 해당 장소에서 조달받기 위하여 소화용수설비를 설치하도록 하고 있다.

소화용수설비는 상수도 소화용수설비와 소화수조 및 저수조설비로 구분된다. 상수도 소화용수설비는 상수도를 소방대가 소화용수로 사용할 수 있도록 설치하는 설비를 말하며 소화수조 및 저수조설비는 상수도가 인입되지 못하는 지역에 별도의 소화용수를 확보하기 위한 설비를 말한다.

2.7.2 소화용수설비의 적용기준

소방시설 설치 · 유지 및 안전관리에 관한 법률 시행령 별표5

상수도소화용수설비를 설치하여야 하는 특정소방대상물은 다음 각 목의 어느 하나와 같다. 다만, 상수도소화용수설비를 설치하여야 하는 특정소방대상물의 대지경계선으로부터 180m 이내에 지름 75mm 이상인 상수도용 배수관이 설치되지 않은 지역의 경우에는 화재안전기준에 따른 소화수조 또는 저수조를 설치하여야 한다.

가. 연면적 5천㎡ 이상인 것. 다만, 위험물 저장 및 처리시설 중 가스시설, 지하가 중 터널 또는 지하구의 경우에는 그러하지 아니하다.

나. 가스시설로서 지상에 노출된 탱크의 저장용량의 합계가 100톤 이상인 것

2.7.3 상수도소화용수설비의 주요 설치기준

상수도소화용수설비의 화재안전기준(NFSC 401)

상수도소화용수설비는 「수도법」에 따른 기준 외에 다음 각 호의 기준에 따라 설치

하여야 한다.

1. 호칭지름 75mm 이상의 수도배관에 호칭지름 100mm 이상의 소화전을 접속할 것
2. 제1호에 따른 소화전은 소방자동차 등의 진입이 쉬운 도로변 또는 공지에 설치할 것

2.7.4 소화수조 및 저수조의 주요 설치기준

소화수조 및 저수조의 화재안전기준(NFSC 402)

(1) 소화수조 등

① 소화수조, 저수조의 채수구 또는 흡수관 투입구는 소방차가 2m 이내의 지점까지 접근할 수 있는 위치에 설치하여야 한다.

② 소화수조 또는 저수조의 저수량은 특정소방대상물의 연면적을 다음 표에 따른 기준면적으로 나누어 얻은 수(소수점 이하의 수는 1로 본다)에 20㎥를 곱한 양 이상이 되도록 하여야 한다.

표 2.7

소방대상물의 구분	면적
1. 1층 및 2층의 바닥면적 합계가 15,000㎡ 이상인 소방대상물	7,500㎡
2. 제1호에 해당되지 아니하는 그 밖의 소방대상물	12,500㎡

③ 소화수조 또는 저수조는 다음 각 호의 기준에 따라 흡수관 투입구 또는 채수구를 설치하여야 한다.

1. 지하에 설치하는 소화용수설비의 흡수관 투입구는 그 한 변이 0.6m 이상이거나 직경이 0.6m 이상인 것으로 하고, 소요수량이 80㎥ 미만인 것은 1개 이상, 80㎥ 이상인 것은 2개 이상을 설치하여야 하며, "흡관투입구"라고 표시한 표지를 할 것
2. 소화용수설비에 설치하는 채수구는 다음 각 목의 기준에 따라 설치할 것
   가. 채수구는 다음 표에 따라 소방용 호스 또는 소방용 흡수관에 사용하는 구경 65mm 이상의 나사식 결합금속구를 설치할 것

표 2.8

소요수량	20㎥ 이상 40㎥ 미만	40㎥ 이상 100㎥ 미만	100㎥ 이상
채수구의 수	1개	2개	3개

나. 채수구는 지면으로부터의 높이가 0.5m 이상 1m 이하의 위치에 설치하고 "채수구"라고 표시한 표지를 할 것

④ 소화용수설비를 설치하여야 할 특정소방대상물에 있어서 유수의 양이 0.8㎥/min 이상인 유수를 사용할 수 있는 경우에는 소화수조를 설치하지 아니할 수 있다.

(2) 가압송수장치

① 소화수조 또는 저수조가 지표면으로부터의 깊이(수조 내부 바닥까지의 길이를 말한다)가 4.5m 이상인 지하에 있는 경우에는 다음 표에 따라 가압송수장치를 설치하여야 한다. 다만, 상기 기준에 따른 저수량을 지표면으로부터 4.5m 이하인 지하에서 확보할 수 있는 경우에는 소화수조 또는 저수조의 지표면으로부터의 깊이에 관계없이 가압송수장치를 설치하지 아니할 수 있다.

표 2.9

소요수량	20㎥ 이상 40㎥ 미만	40㎥ 이상 100㎥ 미만	100㎥ 이상
가압송수장치의 1분당 양수량	1,100ℓ 이상	2,200ℓ 이상	3,300ℓ 이상

② 소화수조가 옥상 또는 옥탑의 부분에 설치된 경우에는 지상에 설치된 채수구에서의 압력이 1.5kg/㎠ 이상이 되도록 하여야 한다.

그림 2.43 **상수도 소화용수설비가 설치된 모습**

그림 2.44 **상수도 소화용수설비가 설치된 모습**

2.8 제연설비(거실제연 및 전실제연)

2.8.1 제연설비의 개요

화재발생 시 인명에 가장 큰 피해를 주는 것은 연기이다. 인명뿐만 아니라 고가의 기계장비나 미술품 등에도 연기는 치명적인 피해를 주기 때문에 화재가 진압된 후에도 연기로 인한 인명과 재산상의 피해는 매우 크다고 할 수 있다.

이렇게 화재발생 시 발생한 연기를 적절히 통제하여 피난활동을 돕고 재실자의 생존가능시간을 좀 더 지속시키며 소방대의 활동이 원활하게 하는 것이 제연설비이다. 이러한 제연설비는 일반적으로 거실제연설비라고 하는 제연설비(NFSC 501)와 전실제연설비라고 하는 특별피난계단의 계단실 및 부속실 제연설비(NFSC 501A)로 나누어진다.

거실제연설비는 화재가 발생하는 거실에서 직접 연기를 배출시키기 위한 설비이다. 연기를 배출시키는 것이 주요 목적이며, 배출되는 배기량만큼 신선한 공기로 급기를 하게 된다. 이로 인해 재실자의 피난을 돕고 소방활동이 원활해지며 플래시 오버의 발생시간을 늦출 수 있다.

전실제연설비는 특별피난계단 또는 비상용승강기를 연기로부터 보호하기 위한 설비이다. 화재발생 시 거실에서부터 복도로, 복도에서부터 계단실로 피난하는 사람들로 인해 문이 열고 닫히면서 연기가 특별피난계단 또는 비상용승강기로 유입하게 되는데, 특별피난계단 또는 비상용승강기는 어떠한 경우에라도 연기에 오염되지 않아야 재실자가 안전하게 피난할 수 있고 소방대가 진입할 수 있기 때문에 이를 연기로부터 방호하는 것을 목적으로 한다.

동작원리는 특별피난계단의 전실과 비상용승강기의 승강장에 신선한 공기를 불어넣어 플러스 압력(50Pa)을 유지함으로써 거실에서 발생한 연기가 전실로 유입되는 것을 차단한다.

2.8.2 제연설비의 적용기준

소방시설 설치 · 유지 및 안전관리에 관한 법률 시행령 별표5

제연설비를 설치하여야 하는 특정소방대상물은 다음 각 목의 어느 하나와 같다.

1) 문화 및 집회시설, 종교시설, 운동시설로서 무대부의 바닥면적이 200㎡ 이상 또는 문화 및 집회시설 중 영화상영관으로서 수용인원 100명 이상인 것
2) 지하층이나 무창층에 설치된 근린생활시설, 판매시설, 운수시설, 숙박시설, 위락시설, 창고시설(물류터미널만 해당한다)로서 해당 용도로 사용되는 바닥면적의 합계가 1천㎡ 이상인 층
3) 운수시설 중 시외버스정류장, 철도 및 도시철도시설, 공항시설 및 항만시설의 대합실 또는 휴게시설로서 지하층 또는 무창층의 바닥면적이 1천㎡ 이상인 것
4) 지하가(터널은 제외한다)로서 연면적 1천㎡ 이상인 것
5) 지하가 중 예상 교통량, 경사도 등 터널의 특성을 고려하여 안전행정부령으로 정하는 터널
6) 특정소방대상물(갓복도형 아파트는 제외한다)에 부설된 특별피난계단 또는 비상용승강기의 승강장

2.8.3 거실제연설비의 주요 설치기준

제연설비의 화재안전기준(NFSC 501)

(1) 제연구역

① 하나의 제연구역의 면적은 1,000㎡ 이내로 할 것
② 거실과 통로(복도를 포함한다. 이하 같다)는 상호 제연구획할 것
③ 통로상의 제연구역은 보행중심선의 길이가 60m를 초과하지 아니할 것
④ 하나의 제연구역은 직경 60m 원내에 들어갈 수 있을 것
⑤ 하나의 제연구역은 2개 이상 층에 미치지 아니하도록 할 것. 다만, 층의 구분이 불분명한 부분은 그 부분을 다른 부분과 별도로 제연구획하여야 한다.

(2) 제연구역의 구획

제연구역의 구획은 보 · 제연경계벽(이하 "제연경계"라 한다) 및 벽(화재 시 자동으로 구획되는 가동벽, 셔터, 방화문을 포함한다. 이하 같다)으로 하되, 다음 각 호의 기준에 적합하여야 한다.

1. 재질은 내화재료, 불연재료 또는 제연경계벽으로 성능을 인정받은 것으로서 화재 시 쉽게 변형·파괴되지 아니하고 연기가 누설되지 않는 기밀성 있는 재료로 할 것
2. 제연경계는 제연경계의 폭이 0.6m 이상이고 수직거리는 2m 이내이어야 한다. 다만, 구조상 불가피한 경우는 2m를 초과할 수 있다.
3. 제연경계벽은 배연 시 기류에 따라 그 하단이 쉽게 흔들리지 아니하여야 하며, 또한 가동식의 경우에는 급속히 하강하여 인명에 위해를 주지 아니하는 구조일 것

(3) 제연방식

① 예상 제연구역에 대하여는 화재 시 연기배출(이하 "배출"이라 한다)과 동시에 공기유입이 될 수 있게 하고, 배출구역이 거실일 경우에는 통로에 공기가 동시에 유입될 수 있도록 하여야 한다.

② 제1항에도 불구하고 통로와 인접하고 있는 거실의 바닥면적이 50㎡ 미만으로 구획(제연경계에 따른 구획은 제외한다. 다만, 거실과 통로와의 구획은 그러하지 아니하다)되고 그 거실에 통로가 인접하여 있는 경우에는 화재 시 그 거실에서 직접 배출하지 아니하고 인접한 통로의 배출로 갈음할 수 있다. 다만, 그 거실이 다른 거실의 피난을 위한 경유 거실인 경우에는 그 거실에서 직접 배출하여야 한다.

③ 통로의 주요 구조부가 내화구조이며 마감이 불연재료 또는 난연재료로 처리되고 가연성 내용물이 없는 경우에 그 통로는 예상 제연구역으로 간주하지 아니할 수 있다. 다만, 화재발생 시 연기의 유입이 우려되는 통로는 그러하지 아니하다.

2.8.4 전실제연설비의 주요 설치기준

특별피난계단의 계단실 및 부속실 제연설비의 화재안전기준(NFSC 501A)

고층건축물의 화재안전기준(NFSC 604)

(1) 제연방식

① 제연구역에 옥외의 신선한 공기를 공급하여 제연구역의 기압을 제연구역 이외의 옥내(이하 "옥내"라 한다)보다 높게 하되, 일정한 기압의 차이(이하 "차압"이하 한다)를 유지하게 함으로써 옥내로부터 제연구역 내로 연기가 침투하지 못하도록 할 것

② 피난을 위하여 제연구역의 출입문이 일시적으로 개방되는 경우 방연풍속을 유지하도록 옥외의 공기를 제연구역 내로 보충 공급하도록 할 것

③ 출입문이 닫히는 경우 제연구역의 과압을 방지할 수 있는 유효한 조치를 하여 차압을 유지할 것

(2) 제연구역의 선정

① 계단실 및 그 부속실을 동시에 제연하는 것

② 부속실만을 단독으로 제연하는 것

③ 계단실 단독으로 제연하는 것

④ 비상용승강기 승강장을 단독으로 제연하는 것

(3) 차압 등

① 제연구역과 옥내 사이에 유지해야 하는 최소차압은 40Pa(옥내에 스프링클러설비가 설치된 경우에는 12.5Pa) 이상으로 하여야 한다.

② 제연설비가 가동되었을 경우 출입문의 개방에 필요한 힘은 110N 이하로 하여야 한다.

③ 출입문이 일시적으로 개방되는 경우 개방되지 아니하는 제연구역과 옥내와의 차압은 제1항의 기준에 불구하고 제1항의 기준에 따른 차압의 70% 미만이 되어서는 아니 된다.

④ 계단실과 부속실을 동시에 제연하는 경우 부속실의 기압은 계단실과 같게 하거나, 계단실의 기압보다 낮게 할 경우에는 부속실과 계단실의 압력 차이는 5Pa 이하가 되도록 하여야 한다.

(4) 방연풍속

표 2.10

제연구역		방연풍속
계단실 및 그 부속실을 동시에 제연하는 것 또는 계단실만 단독으로 제연하는 것		0.5m/s 이상
부속실만 단독으로 제연하는 것 또는 비상용승강기의 승강장만 단독으로 제연하는 것	부속실 또는 승강장이 면하는 옥내가 거실인 경우	0.7m/s 이상
	부속실 또는 승강장이 면하는 옥내가 복도로서 그 구조가 방화구조(내화시간이 30분 이상인 구조를 포함한다)인 것	0.5m/s 이상

(5) 급기송풍기

① 송풍기의 송풍능력은 송풍기가 담당하는 제연구역에 대한 급기량의 1.15배 이상으로 할 것. 다만, 풍도에서의 누설을 실측하여 조정하는 경우에는 그러하지 아니한다.

② 송풍기에는 풍량조절장치를 설치하여 풍량조절을 할 수 있도록 할 것

③ 송풍기에는 풍량을 실측할 수 있는 유효한 조치를 할 것

④ 송풍기는 인접장소의 화재로부터 영향을 받지 아니하고 접근 및 점검이 용이한 곳에 설치할 것

⑤ 송풍기는 옥내 화재감지기의 동작에 따라 작동하도록 할 것

⑥ 송풍기와 연결되는 캔버스는 내열성(석면재료를 제외한다)이 있는 것으로 할 것

(6) 외기취입구

① 외기를 옥외로부터 취입하는 경우 취입구는 연기 또는 공해물질 등으로 오염된 공기를 취입하지 아니하는 위치에 설치하여야 하며, 배기구 등(유입공기, 주방의 조리대의 배출공기 또는 화장실의 배출공기 등을 배출하는 배기구를 말한다)으로부터 수평거리 5m 이상, 수직거리 1m 이상 낮은 위치에 설치할 것

② 취입구를 옥상에 설치하는 경우에는 옥상의 외곽 면으로부터 수평거리 5m 이상, 외곽면의 상단으로부터 하부로 수직거리 1m 이하의 위치에 설치할 것

③ 취입구는 빗물과 이물질이 유입하지 아니하는 구조로 할 것

④ 취입구는 취입공기가 옥외의 바람의 속도와 방향에 따라 영향을 받지 아니하는 구조로 할 것

(7) 제연구역 및 옥내의 출입문

① 제연구역의 출입문은 다음 각 호의 기준에 적합하여야 한다.

1. 제연구역의 출입문(창문을 포함한다)은 언제나 닫힌 상태를 유지하거나 자동폐쇄장치에 의해 자동으로 닫히는 구조로 할 것. 다만, 아파트인 경우 제연구역과 계단실 사이의 출입문은 자동폐쇄장치에 의하여 자동으로 닫히는 구조로 하여야 한다.
2. 제연구역의 출입문에 설치하는 자동폐쇄장치는 제연구역의 기압에도 불구하고 출입문을 용이하게 닫을 수 있는 충분한 폐쇄력이 있을 것
3. 제연구역의 출입문 등에 자동폐쇄장치를 사용하는 경우에는 「자동폐쇄장치의 성능인증 및 제품검사의 기술기준」에 적합한 것으로 설치하여야 한다.

② 옥내의 출입문(방화구조의 복도가 있는 경우로서 복도와 거실 사이의 출입문에 한한다)은 다음 각 호의 기준에 적합하도록 할 것

1. 출입문은 언제나 닫힌 상태를 유지하거나 자동폐쇄장치에 의해 자동으로 닫히는 구조로 할 것
2. 거실 쪽으로 열리는 구조의 출입문에 자동폐쇄장치를 설치하는 경우에는 출입문의 개방 시 유입공기의 압력에도 불구하고 출입문을 용이하게 닫을 수 있는 충분한 폐쇄력이 있는 것으로 할 것

(8) 수동기동장치

① 배출댐퍼 및 개폐기의 직근과 제연구역에는 다음 각 호의 기준에 따른 장치의 작동을 위하여 전용의 수동기동장치를 설치하여야 한다. 다만, 계단실 및 그 부속실을 동시에 제연하는 제연구역에는 그 부속실에만 설치할 수 있다.

1. 전 층의 제연구역에 설치된 급기댐퍼의 개방
2. 당해 층의 배출댐퍼 또는 개폐기의 개방
3. 급기송풍기 및 유입공기의 배출용 송풍기(설치한 경우에 한한다)의 작동
4. 개방·고정된 모든 출입문(제연구역과 옥내 사이의 출입문에 한한다)의 개폐장치의 작동

② 제1항 각 호의 기준에 따른 장치는 옥내에 설치된 수동발신기의 조작에 따라서도 작동할 수 있도록 하여야 한다.

(9) 시험, 측정 및 조정 등(TAB)

제연설비는 설계목적에 적합한지 사전에 검토하고 건물의 모든 부분(건축설비를 포함한다)을 완성하는 시점부터 시험 등(확인, 측정 및 조정을 포함한다)을 하여야 하며 다음 각 호의 기준에 따라 실시하여야 한다.

1. 제연구역의 모든 출입문 등의 크기와 열리는 방향이 설계 시와 동일한지 여부를 확인하고, 동일하지 아니한 경우 급기량과 보충량 등을 다시 산출하여 조정가능 여부 또는 재설계 · 개수의 여부를 결정할 것
2. 제1호의 기준에 따른 확인결과 출입문 등이 설계 시와 동일한 경우에는 출입문마다 그 바닥 사이의 틈새가 평균적으로 균일한지 여부를 확인하고, 큰 편차가 있는 출입문 등에 대하여는 그 바닥의 마감을 재시공하거나 출입문 등에 불연재료를 사용하여 틈새를 조정할 것
3. 제연구역의 출입문 및 복도와 거실(옥내가 복도와 거실로 되어 있는 경우에 한한다) 사이의 출입문마다 제연설비가 작동하고 있지 아니한 상태에서 그 폐쇄력을 측정할 것
4. 옥내의 층별로 화재감지기(수동기동장치를 포함한다)를 동작시켜 제연설비가 작동하는지 여부를 확인할 것. 다만, 둘 이상의 특정소방대상물이 지하에 설치된 주차장으로 연결되어 있는 경우에는 주차장에서 하나의 특정소방대상물의 제연구역으로 들어가는 입구에 설치된 제연용 연기감지기의 작동에 따라 특정소방대상물의 해당 수직풍도에 연결된 모든 제연구역의 댐퍼가 개방되도록 하고 비상전원을 작동시켜 급기 및 배기용 송풍기의 성능이 정상인지 확인할 것
5. 제4호의 기준에 따라 제연설비가 작동하는 경우 다음 각 목의 기준에 따른 시험 등을 실시할 것
   가. 부속실과 면하는 옥내 및 계단실의 출입문을 동시에 개방할 경우, 유입공기의 풍속이 제10조의 규정에 따른 방연풍속에 적합한지 여부를 확인하고, 적합하지 아니한 경우에는 급기구의 개구율과 송풍기의 풍량조절댐퍼 등을 조정하여 적합하게 할 것. 이 경우 유입공기의 풍속은 출입문의 개방에 따른 개구부를 대칭적으로 균등 분할하는 10 이상의 지점에서 측정하는 풍속의 평균치로 할 것
   나. 가목의 기준에 따른 시험 등의 과정에서 출입문을 개방하지 아니하는 제연구역의 실제 차압이 제6조3항의 기준에 적합한지 여부를 출입문 등에 차압측

정공을 설치하고, 이를 통하여 차압측정기구로 실측하여 확인 · 조정할 것

다. 제연구역의 출입문이 모두 닫혀 있는 상태에서 제연설비를 가동시킨 후 출입문의 개방에 필요한 힘을 측정하여 제6조제2항의 규정에 따른 개방력에 적합한지 여부를 확인하고, 적합하지 아니한 경우에는 급기구의 개구율 조정 및 플랩댐퍼(설치하는 경우에 한한다)와 풍량조절용 댐퍼 등의 조정에 따라 적합하도록 조치할 것

라. 가목의 기준에 따른 시험 등의 과정에서 부속실의 개방된 출입문이 자동으로 완전히 닫히는지 여부를 확인하고, 닫힌 상태를 유지할 수 있도록 조정할 것

그림 2.45 **자동차압 · 과압조절형 급기댐퍼**
자동으로 차압을 조정하고 과압을 방지한다.

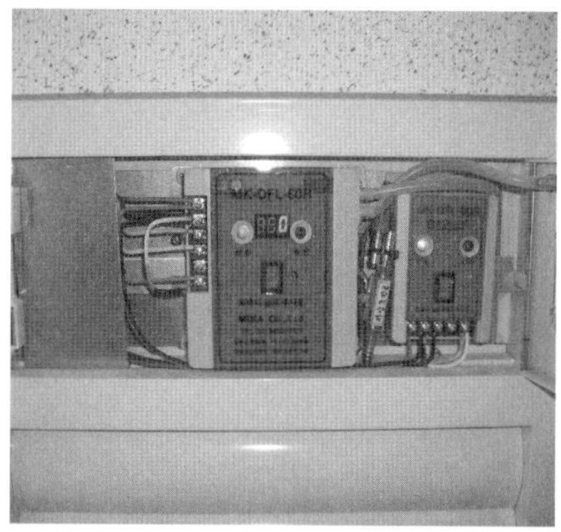

그림 2.46 **급기댐퍼 제어부**
차압을 표시해주고 전원상태를 보여준다.

그림 2.47 **급기댐포 설치중 모습**
급기댐퍼에 전원 및 제어 배선이 설치된다.

그림 2.48 **유입공기 배출구**
거실의 유입공기를 배출한다.

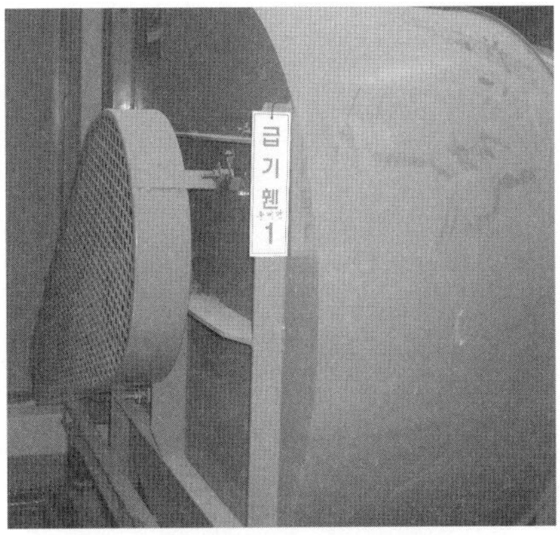

그림 2.49 **급기송풍기가 설치된 모습**
화재로부터 영향을 받지 않는 곳에 설치한다.

그림 2.50 **급기송풍기가 설치된 모습**
급기풍도는 불연재료로 단열처리한다.

그림 2.51 **방연풍속을 측정하는 모습**
일시적으로 문이 열렸을 때의 풍속

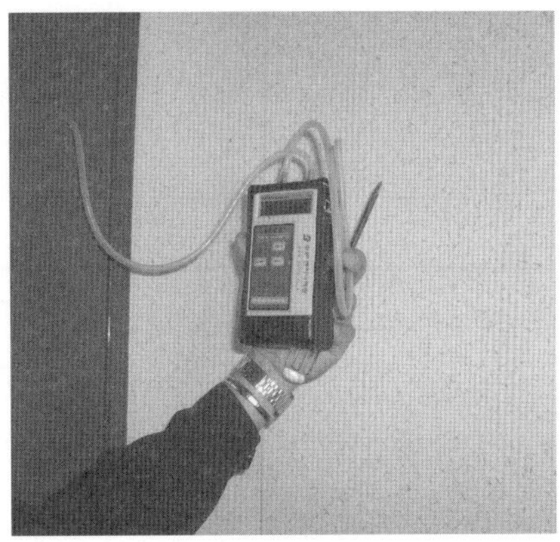

그림 2.52 **차압을 측정하는 모습**
차압측정공을 설치하여 측정한다.

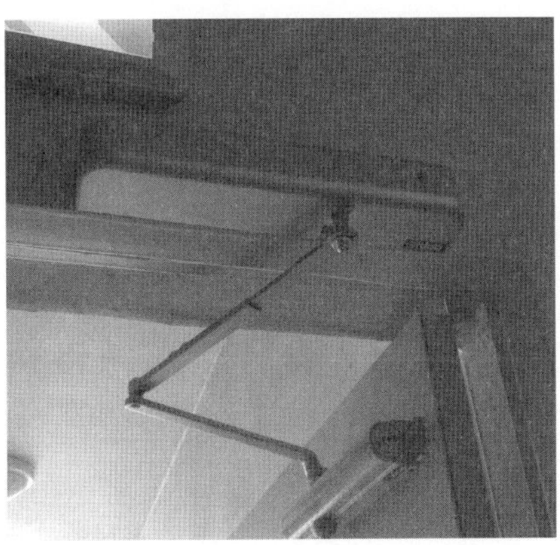

그림 2.53 **자동폐쇄장치가 설치된 모습**
아파트의 경우 계단과 전실 사이에 설치한다.

2.9 연결송수관설비

2.9.1 연결송수관설비의 개요

연결송수관설비는 옥내소화전설비와 외형적으로 비슷한 설비이지만 소방대가 사용하기 위한 설비로써 소방차의 송수압력에 의해 소화수가 방사하게 되며, 지표면에서 최상층 방수구의 높이가 70m 이상의 특정소방대상물인 경우에는 소방차의 송수압력이 도달되기 어려우므로 별도의 가압송수장치를 설치해야 한다.

2.9.2 연결송수관설비의 적용기준

소방시설 설치 · 유지 및 안전관리에 관한 법률 시행령 별표5

연결송수관설비를 설치하여야 하는 특정소방대상물(위험물 저장 및 처리시설 중 가스시설 또는 지하구는 제외한다)은 다음의 어느 하나와 같다.

1) 층수가 5층 이상으로서 연면적 6천m^2 이상인 것
2) 1)에 해당하지 않는 특정소방대상물로서 지하층을 포함하는 층수가 7층 이상인 것
3) 1) 및 2)에 해당하지 않는 특정소방대상물로서 지하층의 층수가 3층 이상이고 지하층의 바닥면적의 합계가 1천m^2 이상인 것
4) 지하가 중 터널로서 길이가 1천m 이상인 것

2.9.3 연결송수관설비의 주요 설치기준

연결송수관설비의 화재안전기준(NFSC 502)

고층건축물의 화재안전기준(NFSC 604)

(1) 방수구

① 연결송수관설비의 방수구는 그 특정소방대상물의 층마다 설치할 것. 다만, 다음 각 목의 어느 하나에 해당하는 층에는 설치하지 아니할 수 있다.
가. 아파트의 1층 및 2층

나. 소방차의 접근이 가능하고 소방대원이 소방차로부터 각 부분에 쉽게 도달할 수 있는 피난층

다. 송수구가 부설된 옥내소화전을 설치한 특정소방대상물(집회장, 관람장, 백화점, 도매시장, 소매시장, 판매시설, 공장, 창고시설 또는 지하가를 제외한다)로서 다음의 어느 하나에 해당하는 층

- 지하층을 제외한 층수가 4층 이하이고 연면적이 6,000㎡ 미만인 특정소방대상물의 지상층
- 지하층의 층수가 2 이하인 특정소방대상물의 지하층

② 방수구는 아파트 또는 바닥면적이 1,000㎡ 미만인 층에 있어서는 계단(계단의 부속실을 포함하며 계단이 2 이상 있는 경우에는 그중 1개의 계단을 말한다)으로부터 5m 이내에, 바닥면적 1,000㎡ 이상인 층(아파트를 제외한다)에 있어서는 각 계단(계단의 부속실을 포함하며 계단이 3 이상 있는 층의 경우에는 그중 2개의 계단을 말한다)으로부터 5m 이내에 설치하되, 그 방수구로부터 그 층의 각 부분까지의 거리가 다음 각 목의 기준을 초과하는 경우에는 그 기준 이하가 되도록 방수구를 추가하여 설치할 것

가. 지하가(터널은 제외한다) 또는 지하층의 바닥면적의 합계가 3,000㎡ 이상인 것은 수평거리 25m

나. 가목에 해당하지 아니하는 것은 수평거리 50m

③ 11층 이상의 부분에 설치하는 방수구는 쌍구형으로 할 것. 다만, 다음 각 목의 어느 하나에 해당하는 층에는 단구형으로 설치할 수 있다.

가. 아파트의 용도로 사용되는 층

나. 스프링클러설비가 유효하게 설치되어 있고 방수구가 2개소 이상 설치된 층

④ 방수구의 호스접결구는 바닥으로부터 높이 0.5m 이상 1m 이하의 위치에 설치할 것

⑤ 방수구는 연결송수관설비의 전용방수구 또는 옥내소화전방수구로서 구경 65mm의 것으로 설치할 것

(2) 방수기구함

① 방수기구함은 방수구가 가장 많이 설치된 층을 기준하여 3개층마다 설치하되, 그 층의 방수구마다 보행거리 5m 이내에 설치할 것

② 방수기구함에는 길이 15m의 호스와 방사형 관창을 다음 각 목의 기준에 따라 비치할 것

가. 호스는 방수구에 연결하였을 때 그 방수구가 담당하는 구역의 각 부분에 유효하게 물이 뿌려질 수 있는 개수 이상을 비치할 것. 이 경우 쌍구형 방수구는 단구형 방수구의 2배 이상의 개수를 설치하여야 한다.

나. 방사형 관창은 단구형 방수구의 경우에는 1개, 쌍구형 방수구의 경우에는 2개 이상 비치할 것

③ 방수기구함에는 "방수기구함"이라고 표시한 표지를 할 것

그림 2.54 **연결송수관설비가 설치된 모습**
방수구가 옥내소화전함에 함께 설치되었다.

그림 2.55 **방수기구함이 설치된 모습**
방수기구함 내에 호스 및 관창이 비치되었다.

그림 2.56 **방수구함과 방수기구함이 설치된 모습**

그림 2.57 **방수구함과 방수기구함이 설치된 모습**

그림 2.58 **송수구가 설치된 모습**
소방차의 접근이 용이한 곳에 설치한다.

2.10 연결살수설비

2.10.1 연결살수설비의 개요

연결살수설비는 스프링클러설비의 설치대상에는 해당되지 않지만 화재의 진압이 어려울 것으로 예상되는 장소에 설치하는 설비로써 주로 소규모 대상물의 지하층, 무창층 등에 설치되며 외형적으로는 스프링클러설비와 유사하다. 하지만 가압송수장치 등이 없고 옥외의 소방차에서 소화수를 공급하게 되는 송수구와 배관 및 헤드만으로 구성되어 있기 때문에 화재발생 시 소방차에서 소화수를 공급함으로써 헤드에서 소화수를 방사할 수 있게 된다.

2.10.2 연결살수설비의 적용기준

소방시설 설치 · 유지 및 안전관리에 관한 법률 시행령 별표5

연결살수설비를 설치하여야 하는 특정소방대상물(지하구는 제외한다)은 다음의 어느 하나와 같다.

1) 판매시설, 운수시설, 창고시설 중 물류터미널로서 해당 용도로 사용되는 부분의

바닥면적의 합계가 1천㎡ 이상인 것

2) 지하층(피난층으로 주된 출입구가 도로와 접한 경우는 제외한다)으로서 바닥면적의 합계가 150㎡ 이상인 것. 다만, 「주택법 시행령」 제21조제4항에 따른 국민주택규모 이하인 아파트의 지하층(대피시설로 사용하는 것만 해당한다)과 교육연구시설 중 학교의 지하층의 경우에는 700㎡ 이상인 것으로 한다.

3) 가스시설 중 지상에 노출된 탱크의 용량이 30톤 이상인 탱크시설

4) 1) 및 2)의 특정소방대상물에 부속된 연결통로

2.10.3 연결살수설비의 주요 설치기준

연결살수설비의 화재안전기준(NFSC 503)

(1) 배관 등

① 연결살수설비 전용헤드를 사용하는 경우에는 다음 표에 따른 구경 이상으로 할 것

표 2.11

하나의 배관에 부착하는 살수헤드의 개수	1개	2개	3개	4개 또는 5개	6개 이상 10개 이하
배관의 구경(mm)	32	40	50	65	80

② 스프링클러헤드를 사용하는 경우에는 「스프링클러설비의 화재안전기준(NFSC 103)」 별표1의 기준에 따를 것

(2) 헤드

① 연결살수설비의 헤드는 연결살수설비 전용헤드 또는 스프링클러헤드로 설치하여야 한다.

② 건축물에 설치하는 연결살수설비의 헤드는 다음 각 호의 기준에 따라 설치하여야 한다.

1. 천장 또는 반자의 실내에 면하는 부분에 설치할 것

2. 천장 또는 반자의 각 부분으로부터 하나의 살수헤드까지의 수평거리가 연결살수설비 전용헤드의 경우는 3.7m 이하, 스프링클러헤드의 경우는 2.3m 이하로 할 것. 다만, 살수헤드의 부착면과 바닥과의 높이가 2.1m 이하인 부분은 살수헤드의 살수 분포에 따른 거리로 할 수 있다.

Fire Fighting Systems

CHAPTER 3

소방전기설비

3.1 자동화재탐지설비

3.1.1 자동화재탐지설비의 개요

자동화재탐지설비는 소방전기설비 중 가장 핵심적인 설비로써 자동으로 화재를 감지하여 재실자에게 화재 사실을 알리고 연동되는 설비 등(스프링클러설비, 물분무등소화설비, 제연설비, 비상방송설비 등)을 동작시키게 한다.

화재를 감지하는 기능을 하는 감지기, 수동으로 화재의 사실을 통보하는 발신기셋, 화재신호를 수신하여 경보를 발송하고 전체 소방시설을 제어하는 수신기로 구성되며 소규모 대상물에는 P형 수신기를 사용하고 대규모 대상물에는 중계기를 사용하는 R형 수신기를 사용한다. 이는 대규모 대상물은 배선의 길이가 길어서 전압강하의 우려가 있고 비용이 상승하므로 통신신호를 사용하는 R형 수신기가 유리하기 때문이다.

3.1.2 자동화재탐지설비의 적용기준

소방시설 설치 · 유지 및 안전관리에 관한 법률 시행령 별표5

자동화재탐지설비를 설치하여야 하는 특정소방대상물은 다음의 어느 하나와 같다.

1) 근린생활시설(목욕장은 제외한다), 의료시설(정신의료기관 또는 요양병원은 제외한다), 숙박시설, 위락시설, 장례식장 및 복합건축물로서 연면적 600m² 이상인 것

2) 공동주택, 근린생활시설 중 목욕장, 문화 및 집회시설, 종교시설, 판매시설, 운수시설, 운동시설, 업무시설, 공장, 창고시설, 위험물 저장 및 처리시설, 항공기 및 자동차 관련 시설, 교정 및 군사시설 중 국방 · 군사시설, 방송통신시설, 발전시설, 관광 휴게시설, 지하가(터널은 제외한다)로서 연면적 1천㎡ 이상인 것

3) 교육연구시설(교육시설 내에 있는 기숙사 및 합숙소를 포함한다), 수련시설(수련시설 내에 있는 기숙사 및 합숙소를 포함하며, 숙박시설이 있는 수련시설은 제외한다), 동물 및 식물 관련 시설(기둥과 지붕만으로 구성되어 외부와 기류가 통하는 장소는 제외한다), 분뇨 및 쓰레기 처리시설, 교정 및 군사시설(국방 · 군사시설은 제외한다) 또는 묘지 관련 시설로서 연면적 2천㎡ 이상인 것

4) 지하구

5) 지하가 중 터널로서 길이가 1천m 이상인 것

6) 노유자 생활시설

7) 6)에 해당하지 않는 노유자시설로서 연면적 400㎡ 이상인 노유자시설 및 숙박시설이 있는 수련시설로서 수용인원 100명 이상인 것

8) 2)에 해당하지 않는 공장 및 창고시설로서 「소방기본법 시행령」 별표2에서 정하는 수량의 500배 이상의 특수가연물을 저장 · 취급하는 것

9) 의료시설 중 정신의료기관 또는 요양병원으로서 다음의 어느 하나에 해당하는 것

   가) 해당 시설로 사용되는 바닥면적의 합계가 300㎡ 이상인 것

   나) 해당 시설로 사용되는 바닥면적의 합계가 300㎡ 미만이고, 창살(철재, 플라스틱 또는 목재 등으로 사람의 탈출 등을 막기 위하여 설치한 것을 말하며, 화재 시 자동으로 열리는 구조로 되어 있는 창살은 제외한다)이 설치된 것

3.1.3 자동화재탐지설비의 주요 설치기준

자동화재탐지설비의 화재안전기준(NFSC 203)

고층건축물의 화재안전기준(NFSC 604)

(1) 경계구역

① 자동화재탐지설비의 경계구역은 다음 각 호의 기준에 따라 설정하여야 한다. 다만, 감지기의 형식승인 시 감지거리, 감지면적 등에 대한 성능을 별도로 인정받은 경우에는 그 성능인정 범위를 경계구역으로 할 수 있다.

1. 하나의 경계구역이 2개 이상의 건축물에 미치지 아니하도록 할 것
2. 하나의 경계구역이 2개 이상의 층에 미치지 아니하도록 할 것. 다만, 500㎡ 이하의 범위 안에서는 2개의 층을 하나의 경계구역으로 할 수 있다
3. 하나의 경계구역의 면적은 600㎡ 이하로 하고 한 변의 길이는 50m 이하로 할 것. 다만, 해당 특정소방대상물의 주된 출입구에서 그 내부 전체가 보이는 것에 있어서는 한 변의 길이가 50m의 범위 내에서 1,000㎡ 이하로 할 수 있다. <개정 2008.12.15>
4. 지하구의 경우 하나의 경계구역의 길이는 700m 이하로 할 것

② 계단(직통계단 외의 것에 있어서는 떨어져 있는 상하계단의 상호간의 수평거리가 5m 이하로서 서로 간에 구획되지 아니한 것에 한한다. 이하 같다), 경사로(에스컬레이터 경사로 포함), 엘리베이터 권상기실, 리넨 슈트, 파이프 피트 및 덕트, 기타 이와 유사한 부분에 대하여는 별도로 경계구역을 설정하되, 하나의 경계구역은 높이 45m 이하(계단 및 경사로에 한한다)로 하고, 지하층의 계단 및 경사로(지하층의 층수가 1일 경우는 제외한다)는 별도로 하나의 경계구역으로 하여야 한다.

③ 외기에 면하여 상시 개방된 부분이 있는 차고, 주차장, 창고 등에 있어서는 외기에 면하는 각 부분으로부터 5m 미만의 범위 안에 있는 부분은 경계구역의 면적에 산입하지 아니한다.

④ 스프링클러설비, 물분무등소화설비 또는 제연설비의 화재감지장치로서 화재감지기를 설치한 경우의 경계구역은 해당 소화설비의 방사구역 또는 제연구역과 동일하게 설정할 수 있다.

(2) 수신기

① 자동화재탐지설비의 수신기는 다음 각 호의 기준에 적합한 것으로 설치하여야 한다.

1. 해당 특정소방대상물의 경계구역을 각각 표시할 수 있는 회선수 이상의 수신기를 설치할 것
2. 4층 이상의 특정소방대상물에는 발신기와 전화통화가 가능한 수신기를 설치할 것
3. 해당 특정소방대상물에 가스누설탐지설비가 설치된 경우에는 가스누설탐지설비로부터 가스누설 신호를 수신하여 가스누설경보를 할 수 있는 수신기를 설치할 것(가스누설탐지설비의 수신부를 별도로 설치한 경우에는 제외한다)

② 수신기는 다음 각 호의 기준에 따라 설치하여야 한다.

1. 수위실 등 상시 사람이 근무하는 장소에 설치할 것. 다만, 사람이 상시 근무하는 장소가 없는 경우에는 관계인이 쉽게 접근할 수 있고 관리가 용이한 장소에 설치할 수 있다.
2. 수신기가 설치된 장소에는 경계구역 일람도를 비치할 것. 다만, 모든 수신기와 연결되어 각 수신기의 상황을 감시하고 제어할 수 있는 수신기(이하 "주수신기"라 한다)를 설치하는 경우에는 주수신기를 제외한 기타 수신기는 그러하지 아니하다.
3. 수신기의 음향기구는 그 음량 및 음색이 다른 기기의 소음 등과 명확히 구별될 수 있는 것으로 할 것
4. 수신기는 감지기, 중계기 또는 발신기가 작동하는 경계구역을 표시할 수 있는 것으로 할 것
5. 화재 · 가스 전기 등에 대한 종합방재반을 설치한 경우에는 해당 조작반에 수신기의 작동과 연동하여 감지기 · 중계기 또는 발신기가 작동하는 경계구역을 표시할 수 있는 것으로 할 것
6. 하나의 경계구역은 하나의 표시등 또는 하나의 문자로 표시되도록 할 것
7. 수신기의 조작 스위치는 바닥으로부터의 높이가 0.8m 이상 1.5m 이하인 장소에 설치할 것
8. 하나의 특정소방대상물에 2 이상의 수신기를 설치하는 경우에는 상호간에 수신기를 연동하여 화재발생 상황을 각 수신기마다 확인할 수 있도록 할 것

(3) 감지기

① 자동화재탐지설비의 감지기는 부착높이에 따라 다음 표에 따른 감지기를 설치하여야 한다. 다만, 지하층·무창층 등으로서 환기가 잘되지 아니하거나 실내면적이 40㎡ 미만인 장소, 감지기의 부착면과 실내바닥과의 거리가 2.3m 이하인 곳으로서 일시적으로 발생한 열·연기 또는 먼지 등으로 인하여 화재신호를 발신할 우려가 있는 장소(제5조제2항 본문에 따른 수신기를 설치한 장소를 제외한다)에는 다음 각 호에서 정한 감지기 중 적응성 있는 감지기를 설치하여야 한다.

1. 불꽃감지기
2. 정온식감지선형 감지기
3. 분포형 감지기
4. 복합형 감지기
5. 광전식분리형 감지기
6. 아날로그방식의 감지기
7. 다신호방식의 감지기
8. 축적방식의 감지기

표 3.1

부착높이	감지기의 종류
4m 미만	차동식(스포트형, 분포형) 보상식 스포트형 정온식(스포트형, 감지선형) 이온화식 또는 광전식 (스포트형, 분리형, 공기흡입형) 열복합형 연기복합형 열연기복합형 불꽃감지기
4m 이상 8m 미만	차동식(스포트형, 분포형) 보상식 스포트형 정온식(스포트형, 감지선형) 특종 또는 1종 이온화식 1종 또는 2종 광전식(스포트형, 분리형, 공기흡입형) 1종 또는 2종 열복합형 연기복합형 열연기복합형 불꽃감지기

부착높이	감지기의 종류
8m 이상 15m 미만	차동식 분포형 이온화식 1종 또는 2종 광전식(스포트형, 분리형, 공기흡입형) 1종 또는 2종 연기복합형 불꽃감지기
15m 이상 20m 미만	이온화식 1종 광전식(스포트형, 분리형, 공기흡입형) 1종 연기복합형 불꽃감지기
20m 이상	불꽃감지기 광전식(분리형, 공기흡입형) 중 아날로그방식

※비고 1) 감지기별 부착높이 등에 대하여 별도의 형식승인을 받은 경우에는 그 성능인정 범위 내에서 사용할 수 있다.

2) 부착높이 20m 이상에 설치되는 광전식 중 아날로그방식의 감지기는 공칭 감지농도 하한값이 감광율 5%/m 미만인 것으로 한다.

② 다음 각 호의 장소에는 연기감지기를 설치하여야 한다. 다만, 교차회로방식에 따른 감지기가 설치된 장소 또는 제1항 단서에 따른 감지기가 설치된 장소에는 그러하지 아니하다.

1. 계단 · 경사로 및 에스컬레이터 경사로(15m 미만의 것을 제외한다)
2. 복도(30m 미만의 것을 제외한다)
3. 엘리베이터 권상기실, 리넨 슈트, 파이프 피트 및 덕트, 기타 이와 유사한 장소
4. 천장 또는 반자의 높이가 15m 이상 20m 미만의 장소

③ 감지기는 다음 각 호의 기준에 따라 설치하여야 한다. 다만, 교차회로방식에 사용되는 감지기, 급속한 연소 확대가 우려되는 장소에 사용되는 감지기 및 축적기능이 있는 수신기에 연결하여 사용하는 감지기는 축적기능이 없는 것으로 설치하여야 한다.

1. 감지기(차동식 분포형의 것을 제외한다)는 실내로의 공기유입구로부터 1.5m 이상 떨어진 위치에 설치할 것
2. 감지기는 천장 또는 반자의 옥내에 면하는 부분에 설치할 것
3. 보상식 스포트형 감지기는 정온점이 감지기 주위의 평상시 최고온도보다 20℃ 이상 높은 것으로 설치할 것
4. 정온식감지기는 주방, 보일러실 등으로서 다량의 화기를 취급하는 장소에

설치하되, 공칭 작동온도가 최고 주위온도보다 20℃ 이상 높은 것으로 설치할 것

5. 차동식 스포트형, 보상식 스포트형 및 정온식 스포트형 감지기는 그 부착높이 및 특정소방대상물에 따라 다음 표에 따른 바닥면적마다 1개 이상을 설치할 것

표 3.2

부착높이 및 특정소방대상물의 구분		감지기의 종류				
		차동식 스포트형		정온식 스포트형		
		1종	2종	특종	1종	2종
4m 미만	주요 구조부를 내화구조로 한 특정소방대상물 또는 그 부분	90	70	70	60	20
	기타 구조의 특정소방대상물 또는 그 부분	50	40	40	30	15
4m 이상 8m 미만	주요 구조부를 내화구조로 한 특정소방대상물 또는 그 부분	45	35	35	30	
	기타 구조의 특정소방대상물 또는 그 부분	30	25	25	15	

④ 연기감지기는 다음의 기준에 따라 설치할 것

1. 감지기의 부착높이에 따라 다음 표에 따른 바닥면적마다 1개 이상으로 할 것

표 3.3

부착높이	감지기의 종류	
	1종 및 2종	3종
4m 미만	150㎡	50㎡
4m 이상 8m 미만	75㎡	

2. 감지기는 복도 및 통로에 있어서는 보행거리 30m(3종에 있어서는 20m)마다, 계단 및 경사로에 있어서는 수직거리 15m(3종에 있어서는 10m)마다 1개 이상으로 할 것
3. 천장 또는 반자가 낮은 실내 또는 좁은 실내에 있어서는 출입구의 가까운 부분에 설치할 것
4. 천장 또는 반자 부근에 배기구가 있는 경우에는 그 부근에 설치할 것

5. 감지기는 벽 또는 보로부터 0.6m 이상 떨어진 곳에 설치할 것

⑤ 고층건축물인 경우 감지기는 아날로그방식의 감지기로서 감지기의 작동 및 설치지점을 수신기에서 확인할 수 있는 것으로 설치하여야 한다. 다만, 공동주택의 경우에는 감지기별로 작동 및 설치지점을 수신기에서 확인할 수 있는 아날로그 방식 외의 감지기로 설치할 수 있다.

(4) 음향장치

① 주 음향장치는 수신기의 내부 또는 그 직근에 설치할 것

② 층수가 5층 이상으로서 연면적이 3,000㎡를 초과하는 특정소방대상물은 다음 각 목에 따라 경보를 발할 수 있도록 하여야 한다.

가. 2층 이상의 층에서 발화한 때에는 발화층 및 그 직상층에 경보를 발할 것

나. 1층에서 발화한 때에는 발화층, 그 직상층 및 지하층에 경보를 발할 것

다. 지하층에서 발화한 때에는 발화층, 그 직상층 및 기타의 지하층에 경보를 발할 것

③ 고층건축물의 경우에는 다음 각 목에 따라 경보를 발할 수 있도록 하여야 한다.

가. 2층 이상의 층에서 발화한 때에는 발화층 및 그 직상 4개 층에 경보를 발할 것

나. 1층에서 발화한 때에는 발화층, 그 직상 4개층 및 지하층에 경보를 발할 것

다. 지하층에서 발화한 때에는 발화층, 그 직상층 및 기타의 지하층에 경보를 발할 것

④ 지구음향장치는 특정소방대상물의 층마다 설치하되, 해당 특정소방대상물의 각 부분으로부터 하나의 음향장치까지의 수평거리가 25m 이하가 되도록 하고, 해당 층의 각 부분에 유효하게 경보를 발할 수 있도록 설치할 것. 다만, 비상방송설비의 화재안전기준(NFSC202)에 적합한 방송설비를 자동화재탐지설비의 감지기와 연동하여 작동하도록 설치한 경우에는 지구음향장치를 설치하지 아니할 수 있다.

⑤ 음향장치는 다음 각 목의 기준에 따른 구조 및 성능의 것으로 하여야 한다.

가. 정격전압의 80% 전압에서 음향을 발할 수 있는 것으로 할 것

나. 음량은 부착된 음향장치의 중심으로부터 1m 떨어진 위치에서 90dB 이상이 되는 것으로 할 것

다. 감지기 및 발신기의 작동과 연동하여 작동할 수 있는 것으로 할 것

(5) 발신기

① 조작이 쉬운 장소에 설치하고, 스위치는 바닥으로부터 0.8m 이상 1.5m 이하의 높이에 설치할 것

② 특정소방대상물의 층마다 설치하되, 해당 특정소방대상물의 각 부분으로부터 하나의 발신기까지의 수평거리가 25m 이하가 되도록 할 것. 다만, 복도 또는 별도로 구획된 실로서 보행거리가 40m 이상일 경우에는 추가로 설치하여야 한다.

(6) 전원

① 자동화재탐지설비의 상용전원은 다음 각 호의 기준에 따라 설치하여야 한다.

1. 전원은 전기가 정상적으로 공급되는 축전지 또는 교류전압의 옥내 간선으로 하고, 전원까지의 배선은 전용으로 할 것
2. 개폐기에는 "자동화재탐지설비용"이라고 표시한 표지를 할 것

② 자동화재탐지설비에는 그 설비에 대한 감시상태를 60분간 지속한 후 유효하게 10분 이상(고층건축물의 경우 30분) 경보할 수 있는 축전지설비(수신기에 내장하는 경우를 포함한다)를 설치하여야 한다. 다만, 상용전원이 축전지설비인 경우에는 그러하지 아니하다.

(7) 배선

배선은 「전기사업법」 제67조에 따른 기술기준에서 정한 것 외에 다음 각 호의 기준에 따라 설치하여야 한다.

1. 전원회로의 배선은 「옥내소화전설비의 화재안전기준(NFSC 102)」 별표1에 따른 내화배선에 따르고, 그 밖의 배선(감지기 상호간 또는 감지기로부터 수신기에 이르는 감지기 회로의 배선을 제외한다)은 「옥내소화전설비의 화재안전기준(NFSC 102)」 별표1에 따른 내화배선 또는 내열배선에 따라 설치할 것
2. 감지기 상호간 또는 감지기로부터 수신기에 이르는 감지기 회로의 배선은 다음 각 목의 기준에 따라 설치할 것. 다만, 감지기 상호간의 배선은 600V 비닐절연전선으로 설치할 수 있다.
   가. 아날로그식, 다신호식 감지기나 R형 수신기용으로 사용되는 것은 전자파 방해를 방지하기 위하여 쉴드선 등을 사용할 것. 다만, 전자파 방해를 받지 아

니하는 방식의 경우에는 그러하지 아니하다.

나. 가목 외의 일반배선을 사용할 때는 「옥내소화전설비의 화재안전기준(NFSC 102)」 별표1에 따른 내화배선 또는 내열배선으로 사용할 것

3. 감지기회로의 도통시험을 위한 종단저항은 다음의 기준에 따를 것

가. 점검 및 관리가 쉬운 장소에 설치할 것

나. 전용함을 설치하는 경우 그 설치높이는 바닥으로부터 1.5m 이내로 할 것

다. 감지기 회로의 끝부분에 설치하며, 종단감지기에 설치할 경우에는 구별하기 쉽도록 해당 감지기의 기판 및 감지기 외부 등에 별도의 표시를 할 것

4. 감지기 사이의 회로 배선은 송배전식으로 할 것

5. 전원회로의 전로와 대지 사이 및 배선 상호간의 절연저항은 「전기사업법」 제67조에 따른 기술기준이 정하는 바에 의하고, 감지기 회로 및 부속회로의 전로와 대지 사이 및 배선 상호간의 절연저항은 1경계구역마다 직류 250V의 절연저항측정기를 사용하여 측정한 절연저항이 0.1㏁ 이상이 되도록 할 것

6. 자동화재탐지설비의 배선은 다른 전선과 별도의 관, 덕트(절연효력이 있는 것으로 구획한 때에는 그 구획된 부분은 별개의 덕트로 본다), 몰드 또는 풀박스 등에 설치할 것. 다만, 60V 미만의 약 전류회로에 사용하는 전선으로서 각각의 전압이 같을 때에는 그러하지 아니하다.

7. 피(P)형 수신기 및 지피(G.P.)형 수신기의 감지기 회로의 배선에 있어서 하나의 공통선에 접속할 수 있는 경계구역은 7개 이하로 할 것

8. 자동화재탐지설비의 감지기 회로의 전로저항은 50Ω 이하가 되도록 하여야 하며, 수신기의 각 회로별 종단에 설치되는 감지기에 접속되는 배선의 전압은 감지기 정격전압의 80% 이상이어야 할 것

9. 50층 이상인 건축물에 설치하는 통신·신호배선은 이중배선을 설치하도록 하고, 단선(斷線) 시에도 고장표시가 되며 정상 작동할 수 있는 성능을 갖도록 설비하여야 한다.

가. 수신기와 수신기 사이의 통신배선

나. 수신기와 중계기 사이의 신호배선

다. 수신기와 감지기 사이의 신호배선

그림 3.1 **R형 수신기, 비상방송 앰프와**
시각경보기 전원반이 함께 설치되어 있다.

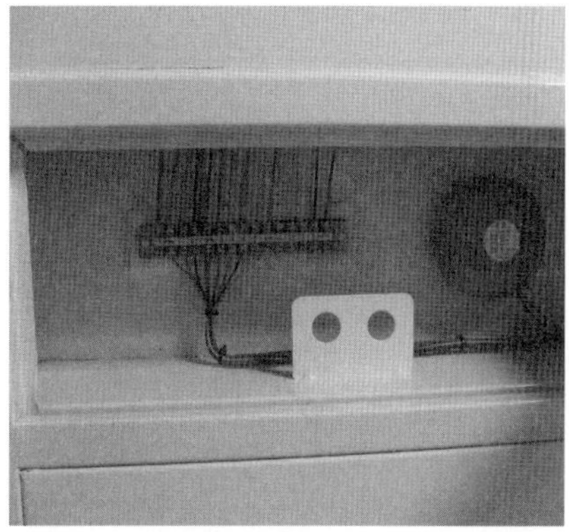

그림 3.2 **발신기셋 내부 결선 모습**
옥내소화전 일체형 발신기셋이다.

그림 3.3 **P형 수신기가 설치된 모습**

그림 3.4 **P형 수신기의 내부 모습**

그림 3.5 **발신기셋이 설치된 모습**
단독형 발신기셋이다.

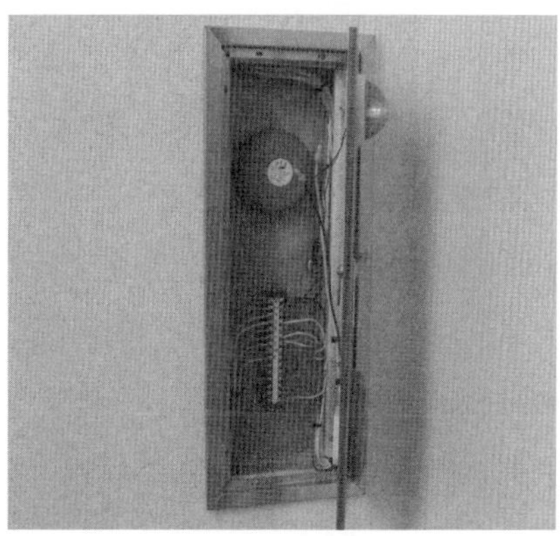

그림 3.6 **발신기셋 내부 결선 모습**
단독형 발신기셋이다.

그림 3.7 **연기식 감지기가 천장에 설치된 모습**

그림 3.8 **차동식 감지기가 천장에 설치된 모습**

3.2 시각경보기

3.2.1 시각경보기의 개요

시각경보기는 자동화재탐지설비와 연동하여 화재발생 시 광원에서 주기적으로 빛을 방사하여 청각장애인이 화재발생 여부를 확인할 수 있도록 하는 장치이다. 작동 시 많은 전류가 필요하므로 수신기와는 별도로 전원반을 설치해야 한다.

3.2.2 시각경보기의 적용기준

소방시설 설치 · 유지 및 안전관리에 관한 법률 시행령 별표5

시각경보기를 설치하여야 하는 특정소방대상물은 자동화재탐지설비를 설치하여야 하는 특정소방대상물 중 다음의 어느 하나에 해당하는 것과 같다.

1) 근린생활시설, 문화 및 집회시설, 종교시설, 판매시설, 운수시설, 운동시설, 위락시설, 창고시설 중 물류터미널
2) 의료시설, 노유자시설, 업무시설, 숙박시설, 발전시설 및 장례식장
3) 교육연구시설 중 도서관, 방송통신시설 중 방송국
4) 지하가 중 지하상가

3.2.3 시각경보기의 주요 설치기준

자동화재탐지설비의 화재안전기준(NFSC 203)

청각장애인용 시각경보장치는 소방방재청장이 정하여 고시한 「시각경보장치의 성능인증 및 제품검사의 기술기준」에 적합한 것으로서 다음 각 목의 기준에 따라 설치하여야 한다.

가. 복도 · 통로 · 청각장애인용 객실 및 공용으로 사용하는 거실(로비, 회의실, 강의실, 식당, 휴게실, 오락실, 대기실, 체력단련실, 접객실, 안내실, 전시실, 기타 이와 유사한 장소를 말한다)에 설치하며, 각 부분으로부터 유효하게 경보를 발할 수 있는 위치에 설치할 것

나. 공연장, 집회장, 관람장 또는 이와 유사한 장소에 설치하는 경우에는 시선이 집중되는 무대부부분 등에 설치할 것

다. 설치높이는 바닥으로부터 2m 이상 2.5m 이하의 장소에 설치할 것. 다만, 천장의 높이가 2m 이하인 경우에는 천장으로부터 0.15 m 이내의 장소에 설치하여야 한다.

라. 시각경보장치의 광원은 전용의 축전지설비에 의하여 점등되도록 할 것. 다만, 시각경보기에 작동전원을 공급할 수 있도록 형식승인을 얻은 수신기를 설치한 경우에는 그러하지 아니하다.

그림 3.9 **시각경보기가 설치된 모습**

3.3 비상방송설비

3.3.1 비상방송설비의 개요

비상방송설비는 화재의 발생 사실을 방송으로 재실자에게 통보하는 설비이다. 비상방송앰프를 통해 화재가 발생하였음을 녹음된 육성으로 통보함으로써 피난개시 시간을 단축시킬 수 있다. 건축물의 경우 일반 전관방송과 겸용으로 사용하기도 한다.

3.3.2 비상방송설비의 적용기준

소방시설 설치 · 유지 및 안전관리에 관한 법률 시행령 별표5

고층건축물의 화재안전기준(NFSC 604)

비상방송설비를 설치하여야 하는 특정소방대상물(위험물 저장 및 처리시설 중 가스시설, 사람이 거주하지 않는 동물 및 식물 관련 시설, 지하가 중 터널, 축사 및 지하구는 제외한다)은 다음의 어느 하나와 같다.

① 연면적 3천5백m^2 이상인 것

② 지하층을 제외한 층수가 11층 이상인 것

③ 지하층의 층수가 3층 이상인 것

3.3.3 비상방송설비의 주요 설치기준

비상방송설비의 화재안전기준(NFSC 202)

비상방송설비는 다음 각 호의 기준에 따라 설치하여야 한다.

1. 확성기의 음성 입력은 3W(실내에 설치하는 것에 있어서는 1W) 이상일 것
2. 확성기는 각층마다 설치하되, 그 층의 각 부분으로부터 하나의 확성기까지의 수평거리가 25m 이하가 되도록 하고, 해당 층의 각 부분에 유효하게 경보를 발할 수 있도록 설치할 것
3. 음량조정기를 설치하는 경우 음량조정기의 배선은 3선식으로 할 것

4. 조작부의 조작스위치는 바닥으로부터 0.8m 이상 1.5m 이하의 높이에 설치할 것
5. 조작부는 기동장치의 작동과 연동하여 해당 기동장치가 작동한 층 또는 구역을 표시할 수 있는 것으로 할 것
6. 증폭기 및 조작부는 수위실 등 상시 사람이 근무하는 장소로서 점검이 편리하고 방화상 유효한 곳에 설치할 것
7. 층수가 5층 이상으로서 연면적이 3,000㎡를 초과하는 특정소방대상물은 다음 각 목에 따라 경보를 발할 수 있도록 하여야 한다.
   가. 2층 이상의 층에서 발화한 때에는 발화층 및 그 직상층에 경보를 발할 것
   나. 1층에서 발화한 때에는 발화층, 그 직상층 및 지하층에 경보를 발할 것
   다. 지하층에서 발화한 때에는 발화층, 그 직상층 및 기타의 지하층에 경보를 발할 것
8. 고층건축물의 비상방송설비 음향장치는 다음 각 목의 기준에 따라 경보를 발할 수 있도록 하여야 한다.
   가. 2층 이상의 층에서 발화한 때에는 발화층 및 그 직상 4개층에 경보를 발할 것
   나. 1층에서 발화한 때에는 발화층, 그 직상 4개층 및 지하층에 경보를 발할 것
   다. 지하층에서 발화한 때에는 발화층, 그 직상층 및 기타의 지하층에 경보를 발할 것
9. 다른 방송설비와 공용하는 것에 있어서는 화재 시 비상경보 외의 방송을 차단할 수 있는 구조로 할 것
10. 다른 전기회로에 따라 유도장애가 생기지 아니하도록 할 것
11. 하나의 특정소방대상물에 2 이상의 조작부가 설치되어 있는 때에는 각각의 조작부가 있는 장소 상호간에 동시통화가 가능한 설비를 설치하고, 어느 조작부에서도 해당 특정소방대상물의 전 구역에 방송을 할 수 있도록 할 것
12. 기동장치에 따른 화재신고를 수신한 후 필요한 음량으로 화재발생 상황 및 피난에 유효한 방송이 자동으로 개시될 때까지의 소요시간은 10초 이하로 할 것
13. 음향장치는 다음 각 목의 기준에 따른 구조 및 성능의 것으로 하여야 한다.
   가. 정격전압의 80% 전압에서 음향을 발할 수 있는 것으로 할 것
   나. 자동화재탐지설비의 작동과 연동하여 작동할 수 있는 것으로 할 것
14. 비상방송설비에는 그 설비에 대한 감시상태를 60분간 지속한 후 유효하게 10분

(고층건축물의 경우 30분) 이상 경보할 수 있는 축전지설비(수신기에 내장하는 경우를 포함한다)를 설치하여야 한다.

그림 3.10 **비상방송설비 스피커가 설치된 모습** (벽부형 스피커)

그림 3.11 **비상방송설비 스피커가 설치된 모습** (천장형 스피커)

3.4 유도등

3.4.1 유도등의 개요

유도등은 거실에서 복도로, 복도에서 계단으로, 계단에서 옥외로 이어지는 피난경로에 설치되어 조도가 확보되지 않은 상황에서도 원활하게 피난이 이루어지도록 해준다. 유도등은 피난구유도등, 통로유도등으로 크게 구분되며 통로유도등은 거실통로유도등, 계단통로유도등, 복도통로유도등으로 구분되는데 각각의 사용 대상에 맞는 유도등을 설치해야 한다.

피난구유도등은 피난구 자체의 위치를 알려주는 것이 목적이므로 먼 거리에서도 보이도록 녹색 바탕에 흰 그림으로 되어 있고, 통로유도등은 통로 자체를 비추어주는 것이 목적이므로 흰 바탕에 녹색 그림으로 되어 있다.

유도등은 화재발생 시에만 점등되는 것이 아니라 상시 점등되어 있어야 한다(2선식).

3.4.2 유도등의 적용기준

소방시설 설치 · 유지 및 안전관리에 관한 법률 시행령 별표5

유도등을 설치하여야 할 대상은 다음의 어느 하나와 같다.

1) 피난구유도등, 통로유도등 및 유도표지는 모든 특정소방대상물에 설치한다. 다만, 다음의 어느 하나에 해당하는 경우는 제외한다.
   가) 지하가 중 터널 및 지하구
   나) 동물 및 식물 관련 시설 중 축사로서 가축을 직접 가두어 사육하는 부분
2) 객석유도등은 다음의 어느 하나에 해당하는 특정소방대상물에 설치한다.
   가) 유흥주점영업시설(「식품위생법 시행령」 제21조제8호라목의 유흥주점영업 중 손님이 춤을 출 수 있는 무대가 설치된 카바레, 나이트클럽 또는 그 밖에 이와 비슷한 영업시설만 해당한다)
   나) 문화 및 집회시설
   다) 종교시설
   라) 운동시설

3.4.3 유도등의 주요 설치기준

유도등 및 유도표지의 화재안전기준(NFSC 303)

(1) 유도등 및 유도표지의 종류

표 3.4

설치장소	유도등 및 유도표지의 종류
1. 공연장, 집회장(종교집회장 포함), 관람장, 운동시설	• 대형 피난구유도등 • 통로유도등 • 객석유도등
2. 유흥주점영업시설("식품위생법 시행령" 제1조제8호라목의 유흥주점영업 중 손님이 춤을 출 수 있는 무대가 설치된 카바레, 나이트클럽 또는 그 밖에 이와 비슷한 영업시설만 해당한다)	
3. 위락시설, 판매시설, 운수시설, "관광진흥법" 제3조제1항제2호에 따른 관광숙박업, 의료시설, 장례식장, 방송통신시설, 전시장, 지하상가, 지하철역사	• 대형 피난구유도등 • 통로유도등
4. 숙박시설(제3호의 관광숙박업 외의 것을 말한다), 오피스텔	• 중형 피난구유도등 • 통로유도등
5. 제1호부터 제3호까지 외의 건축물로서 지하층, 무창층 및 11층 이상의 부분	

설치장소	유도등 및 유도표지의 종류
6. 제1호부터 제5호까지 외의 건축물로서 근린생활시설, 노유자시설, 업무시설, 발전시설, 종교시설(집회장 용도로 사용하는 부분 제외), 교육연구시설, 수련시설, 공장, 창고시설, 교정 및 군사시설(국방 · 군사시설 제외), 기숙사, 자동차정비공장, 운전학원 및 정비학원, 다중이용업소, 복합건축물, 아파트	• 소형 피난구유도등 • 통로유도등
마. 그 밖의 것	• 피난구유도등표지 • 통로유도표지

※ 비고 1. 소방서장은 특정소방대상물의 위치, 구조 및 설비의 상황을 판단하여 대형 피난구유도등을 설치하여야 할 장소에 중형 피난구유도등 또는 소형 피난구유도등을, 중형 피난구유도등을 설치하여야 할 장소에 소형 피난구유도등을 설치하게 할 수 있다.

2. 복합건축물과 아파트의 경우, 주택의 세대 내에는 유도등을 설치하지 아니할 수 있다.

(2) 피난구유도등의 설치기준

① 피난구유도등은 다음 각 호의 장소에 설치하여야 한다.

1. 옥내로부터 직접 지상으로 통하는 출입구 및 그 부속실의 출입구
2. 직통계단, 직통계단의 계단실 및 그 부속실의 출입구
3. 제1호와 제2호에 따른 출입구에 이르는 복도 또는 통로로 통하는 출입구
4. 안전구획된 거실로 통하는 출입구

② 피난구유도등은 피난구의 바닥으로부터 높이 1.5m 이상으로서 출입구에 인접하도록 설치하여야 한다.

(3) 통로유도등의 설치기준

통로유도등은 특정소방대상물의 각 거실과 그로부터 지상에 이르는 복도 또는 계단의 통로에 다음 각 호의 기준에 따라 설치하여야 한다.

1. 복도통로유도등은 다음 각 목의 기준에 따라 설치할 것

가. 복도에 설치할 것

나. 구부러진 모퉁이 및 보행거리 20m마다 설치할 것

다. 바닥으로부터 높이 1m 이하의 위치에 설치할 것. 다만, 지하층 또는 무창층의 용도가 도매시장, 소매시장, 여객자동차터미널, 지하역사 또는 지하상가인 경우에는 복도, 통로 중앙부분의 바닥에 설치하여야 한다.

라. 바닥에 설치하는 통로유도등은 하중에 따라 파괴되지 아니하는 강도의 것으

로 할 것

2. 거실통로유도등은 다음 각 목의 기준에 따라 설치할 것
   가. 거실의 통로에 설치할 것. 다만, 거실의 통로가 벽체 등으로 구획된 경우에는 복도통로유도등을 설치하여야 한다.
   나. 구부러진 모퉁이 및 보행거리 20m마다 설치할 것
   다. 바닥으로부터 높이 1.5m 이상의 위치에 설치할 것. 다만, 거실통로에 기둥이 설치된 경우에는 기둥부분의 바닥으로부터 높이 1.5m 이하의 위치에 설치할 수 있다.
3. 계단통로유도등은 다음 각 목의 기준에 따라 설치할 것
   가. 각층의 경사로 참 또는 계단참마다(1개층에 경사로 참 또는 계단참이 2 이상 있는 경우에는 2개의 계단참마다)설치할 것
   나. 바닥으로부터 높이 1m 이하의 위치에 설치할 것
4. 통행에 지장이 없도록 설치할 것
5. 주위에 이와 유사한 등화광고물, 게시물 등을 설치하지 아니할 것

(4) 객석유도등 설치기준

① 객석유도등은 객석의 통로, 바닥 또는 벽에 설치하여야 한다.

② 객석 내의 통로가 경사로 또는 수평로로 되어 있는 부분은 다음의 식에 따라 산출한 수(소수점 이하의 수는 1로 본다)의 유도등을 설치하여야 한다.

$$\text{설치개수} = \frac{\text{객석의 통로 직선부분의 길이(m)}}{4} - 1$$

③ 객석 내의 통로가 옥외 또는 이와 유사한 부분에 있는 경우에는 해당 통로 전체에 미칠 수 있는 수의 유도등을 설치하여야 한다.

(5) 유도표지의 설치기준

유도표지는 다음 각 호의 기준에 따라 설치하여야 한다.

1. 계단에 설치하는 것을 제외하고는 각층마다 복도 및 통로의 각 부분으로부터 하나의 유도표지까지의 보행거리가 15m 이하가 되는 곳과 구부러진 모퉁이의 벽에

설치할 것

2. 피난구유도표지는 출입구 상단에 설치하고, 통로유도표지는 바닥으로부터 높이 1m 이하의 위치에 설치할 것

(6) 피난구유도선의 설치기준

① 축광방식의 피난유도선은 다음 각 호의 기준에 따라 설치하여야 한다.

1. 구획된 각 실로부터 주출입구 또는 비상구까지 설치할 것
2. 바닥으로부터 높이 50cm 이하의 위치 또는 바닥면에 설치할 것
3. 피난유도 표시부는 50cm 이내의 간격으로 연속되도록 설치
4. 부착대에 의하여 견고하게 설치할 것
5. 외광 또는 조명장치에 의하여 상시 조명이 제공되거나 비상조명등에 의한 조명이 제공되도록 설치할 것

② 광원점등방식의 피난유도선은 다음 각 호의 기준에 따라 설치하여야 한다.

1. 구획된 각 실로부터 주출입구 또는 비상구까지 설치할 것
2. 피난유도 표시부는 바닥으로부터 높이 1m 이하의 위치 또는 바닥면에 설치할 것
3. 피난유도 표시부는 50cm 이내의 간격으로 연속되도록 설치하되 실내장식물 등으로 설치가 곤란할 경우 1m 이내로 설치할 것
4. 수신기로부터의 화재신호 및 수동조작에 의하여 광원이 점등되도록 설치할 것
5. 비상전원이 상시 충전상태를 유지하도록 설치할 것
6. 바닥에 설치되는 피난유도 표시부는 매립하는 방식을 사용할 것
7. 피난유도 제어부는 조작 및 관리가 용이하도록 바닥으로부터 0.8m 이상 1.5m 이하의 높이에 설치할 것

(7) 유도등의 전원

① 유도등의 전원은 축전지 또는 교류전압의 옥내간선으로 하고, 전원까지의 배선은 전용으로 하여야 한다.

② 비상전원은 다음 각 호의 기준에 적합하게 설치하여야 한다.

1. 축전지로 할 것

2. 유도등을 20분 이상 유효하게 작동시킬 수 있는 용량으로 할 것. 다만, 다음 각 목의 특정소방대상물의 경우에는 그 부분에서 피난층에 이르는 부분의 유도등을 60분 이상 유효하게 작동시킬 수 있는 용량으로 하여야 한다.
   가. 지하층을 제외한 층수가 11층 이상의 층
   나. 지하층 또는 무창층으로서 용도가 도매시장, 소매시장, 여객자동차터미널, 지하역사 또는 지하상가

③ 유도등은 전기회로에 점멸기를 설치하지 아니하고 항상 점등상태를 유지할 것. 다만, 특정소방대상물 또는 그 부분에 사람이 없거나 다음 각 목의 어느 하나에 해당하는 장소로서 3선식 배선에 따라 상시 충전되는 구조인 경우에는 그러하지 아니하다.
가. 외부 광(光)에 따라 피난구 또는 피난방향을 쉽게 식별할 수 있는 장소
나. 공연장, 암실(暗室) 등으로서 어두워야 할 필요가 있는 장소
다. 특정소방대상물의 관계인 또는 종사원이 주로 사용하는 장소

(8) 유도등 및 유도표지의 제외

① 다음 각 호의 어느 하나에 해당하는 경우에는 피난구유도등을 설치하지 아니한다.
   1. 바닥면적이 1,000㎡ 미만인 층으로서 옥내로부터 직접 지상으로 통하는 출입구(외부의 식별이 용이한 경우에 한한다)
   2. 거실 각 부분으로부터 쉽게 도달할 수 있는 출입구
   3. 거실 각 부분으로부터 하나의 출입구에 이르는 보행거리가 20m 이하이고 비상조명등과 유도표지가 설치된 거실의 출입구
   4. 출입구가 3 이상 있는 거실로서 그 거실 각 부분으로부터 하나의 출입구에 이르는 보행거리가 30m 이하인 경우에는 주된 출입구 2개소 외의 출입구(유도표지가 부착된 출입구를 말한다). 다만, 공연장, 집회장, 관람장, 전시장, 판매시설, 운수시설, 숙박시설, 노유자시설, 의료시설, 장례식장의 경우에는 그러하지 아니하다.

② 다음 각 호의 어느 하나에 해당하는 경우에는 통로유도등을 설치하지 아니한다.
   1. 구부러지지 아니한 복도 또는 통로로서 길이가 30m 미만인 복도 또는 통로

2. 제1호에 해당하지 않는 복도 또는 통로로서 보행거리가 20m 미만이고 그 복도 또는 통로와 연결된 출입구 또는 그 부속실의 출입구에 피난구유도등이 설치된 복도 또는 통로

③ 다음 각 호의 어느 하나에 해당하는 경우에는 객석유도등을 설치하지 아니한다.

1. 주간에만 사용하는 장소로서 채광이 충분한 객석
2. 거실 등의 각 부분으로부터 하나의 거실 출입구에 이르는 보행거리가 20m 이하인 객석의 통로로서 그 통로에 통로유도등이 설치된 객석

그림 3.12 **통로유도등이 설치된 모습**

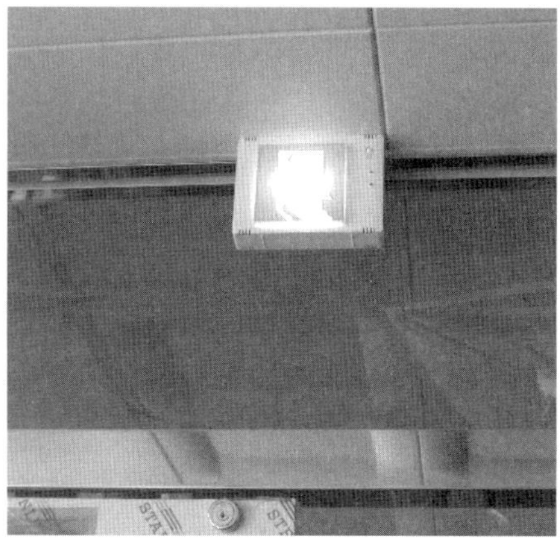

그림 3.13 **비상구유도등이 설치된 모습**

3.5 비상조명등

3.5.1 비상조명등의 개요

비상조명등은 상용전원의 정전 시 점등되어 피난 및 소화활동을 돕는 시설이다. 주로 채광이 불리한 지하층이나 무창층이 설치 대상이 되며, 화재발생 시 점등되는 것이 아니라 정전 시 비상전원에 의해 동작된다. 비상조명등은 비상발전기에서 공급되는 비상전원에 의해 점등되는 방식과 배터리를 내장하고 있는 일체형 방식이 있다.

3.5.2 비상조명등의 적용기준

소방시설 설치 · 유지 및 안전관리에 관한 법률 시행령 별표5

비상조명등을 설치하여야 하는 특정소방대상물(창고시설 중 창고 및 하역장, 위험물 저장 및 처리시설 중 가스시설은 제외한다)은 다음의 어느 하나와 같다.

1) 지하층을 포함하는 층수가 5층 이상인 건축물로서 연면적 3천㎡ 이상인 것
2) 1)에 해당하지 않는 특정소방대상물로서 그 지하층 또는 무창층의 바닥면적이 450㎡ 이상인 경우에는 그 지하층 또는 무창층
3) 지하가 중 터널로서 그 길이가 500m 이상인 것

3.5.3 비상조명등의 주요 설치기준

비상조명등의 화재안전기준(NFSC 304)

비상조명등은 다음 각 호의 기준에 따라 설치하여야 한다.

1. 특정소방대상물의 각 거실과 그로부터 지상에 이르는 복도, 계단 및 그 밖의 통로에 설치할 것
2. 조도는 비상조명등이 설치된 장소의 각 부분의 바닥에서 1lx 이상이 되도록 할 것
3. 예비전원을 내장하는 비상조명등에는 평상시 점등 여부를 확인할 수 있는 점검스위치를 설치하고 해당 조명등을 유효하게 작동시킬 수 있는 용량의 축전지와 예비전원 충전장치를 내장할 것.
4. 비상전원은 비상조명등을 20분 이상 유효하게 작동시킬 수 있는 용량으로 할 것. 다만, 다음 각 목의 특정소방대상물의 경우에는 그 부분에서 피난층에 이르는 부분의 비상조명등을 60분 이상 유효하게 작동시킬 수 있는 용량으로 하여야 한다.
   가. 지하층을 제외한 층수가 11층 이상의 층
   나. 지하층 또는 무창층으로서 용도가 도매시장, 소매시장, 여객자동차터미널, 지하역사 또는 지하상가

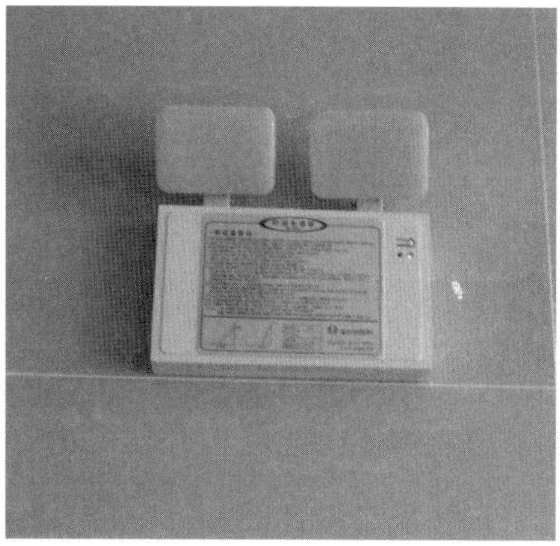

그림 3.14 **비상조명등이 설치된 모습(배터리 내장형)**

3.6 휴대용 비상조명등

3.6.1 휴대용 비상조명등의 개요

휴대용 비상조명등은 흔히 휴대용 플래시와 같은 형태를 가지게 되는데, 배터리나 건전지를 내장하고 있으며 탈착 시 자동으로 점등되고 일부 제품은 탈착 시 경보를 울리기도 한다. 내장되어 있는 배터리나 건전지가 소모될 때 주기적으로 교체해 주어야 한다. 주로 다수의 불특정다수인이 사용하는 장소에 설치되며 피난유도자가 사용하여 피난을 유도할 때 사용된다.

3.6.2 휴대용 비상조명등의 적용기준

소방시설 설치 · 유지 및 안전관리에 관한 법률 시행령 별표5

휴대용 비상조명등을 설치하여야 하는 특정소방대상물은 다음의 어느 하나와 같다.

1) 숙박시설
2) 수용인원 100명 이상의 영화상영관, 판매시설 중 대규모 점포, 철도 및 도시철도 시설 중 지하역사, 지하가 중 지하상가

3.6.3 휴대용 비상조명등의 주요 설치기준

비상조명등의 화재안전기준(NFSC 304)

비상조명등은 다음 각 호의 기준에 따라 설치하여야 한다.

1. 다음 각 목의 장소에 설치할 것
   가. 숙박시설 또는 다중이용업소에는 객실 또는 영업장 안의 구획된 실마다 잘 보이는 곳(외부에 설치 시 출입문 손잡이로부터 1m 이내 부분)에 1개 이상 설치
   나. 「유통산업발전법」 제2조제3호에 따른 대규모 점포(지하상가 및 지하역사를 제외한다)와 영화상영관에는 보행거리 50m 이내마다 3개 이상 설치
   다. 지하상가 및 지하역사에는 보행거리 25m 이내마다 3개 이상 설치
2. 설치높이는 바닥으로부터 0.8m 이상 1.5m 이하의 높이에 설치할 것
3. 어둠 속에서 위치를 확인할 수 있도록 할 것
4. 사용 시 자동으로 점등되는 구조일 것
5. 외함은 난연성능이 있을 것
6. 건전지를 사용하는 경우에는 방전방지 조치를 하여야 하고 충전식 배터리의 경우에는 상시 충전되도록 할 것
7. 건전지 및 충전식 배터리의 용량은 20분 이상 유효하게 사용할 수 있는 것으로 할 것

그림 3.15 **휴대용 비상조명등이 비치된 모습**

3.7 비상콘센트설비

3.7.1 비상콘센트설비의 개요

비상콘센트설비는 소방장비를 운용할 전원을 공급하기 위한 설비로써 소방대가 사용하는 설비이다. 평상시에는 상용전원을 공급받고 정전 시 발전기의 기동에 의한 비상전원을 공급받아 사용된다.

3.7.2 비상콘센트설비의 적용기준

소방시설 설치 · 유지 및 안전관리에 관한 법률 시행령 별표5

비상콘센트설비를 설치해야 하는 특정소방대상물(위험물 저장 및 처리시설 중 가스시설 또는 지하구는 제외한다)은 다음의 어느 하나와 같다.

1) 층수가 11층 이상인 특정소방대상물의 경우에는 11층 이상의 층
2) 지하층의 층수가 3층 이상이고 지하층의 바닥면적의 합계가 1천㎡ 이상인 것은 지하층의 모든 층
3) 지하가 중 터널로서 길이가 500m 이상인 것

3.7.3 비상콘센트설비의 주요 설치기준

비상콘센트설비의 화재안전기준(NFSC 504)

(1) 전원

① 상용전원회로의 배선은 저압수전인 경우에는 인입개폐기의 직후에서, 고압수전 또는 특고압수전인 경우에는 전력용변압기 2차 측의 주차단기 1차측 또는 2차측에서 분기하여 전용배선으로 할 것

② 지하층을 제외한 층수가 7층 이상으로서 연면적이 2,000㎡ 이상이거나 지하층의 바닥면적의 합계가 3,000㎡ 이상인 특정소방대상물의 비상콘센트설비에는 자가발전설비 또는 비상전원수전설비를 비상전원으로 설치할 것. 다만, 둘 이상의 변전소에서 전력을 동시에 공급받을 수 있거나 하나의 변전소로부터 전력의 공급

이 중단되는 때에는 자동으로 다른 변전소로부터 전력을 공급받은 수 있도록 상용전원을 설치한 경우에는 비상전원을 설치하지 아니할 수 있다.

(2) 전원회로

① 비상콘센트설비의 전원회로는 단상교류 220V인 것으로서, 그 공급용량은 1.5kVA 이상인 것으로 할 것

② 전원회로는 각층에 2 이상이 되도록 설치할 것. 다만, 설치하여야 할 층의 비상콘센트가 1개인 때에는 하나의 회로로 할 수 있다.

③ 전원회로는 주 배전반에서 전용회로로 할 것. 다만, 다른 설비의 회로의 사고에 따른 영향을 받지 아니하도록 되어 있는 것은 그러하지 아니하다.

(3) 비상콘센트는 다음 각 호의 기준에 따라 설치해야 한다.

① 바닥으로부터 높이 0.8m 이상 1.5m 이하의 위치에 설치할 것

② 비상콘센트의 배치는 아파트 또는 바닥면적이 1,000㎡ 미만인 층은 계단의 출입구(계단의 부속실을 포함하며 계단이 2 이상 있는 경우에는 그중 1개의 계단을 말한다)로부터 5m 이내에, 바닥면적 1,000㎡ 이상인 층(아파트를 제외한다)은 각 계단의 출입구 또는 계단부속실의 출입구(계단의 부속실을 포함하며 계단이 3 이상 있는 층의 경우에는 그중 2개의 계단을 말한다)로부터 5m 이내에 설치하되, 그 비상콘센트로부터 그 층의 각 부분까지의 거리가 다음 각 목의 기준을 초과하는 경우에는 그 기준 이하가 되도록 비상콘센트를 추가하여 설치할 것

가. 지하상가 또는 지하층의 바닥면적의 합계가 3,000㎡ 이상인 것은 수평거리 25m

나. 가목에 해당하지 아니하는 것은 수평거리 50m

그림 3.16 비상콘센트가 설치된 모습(발신기셋 내장형)

3.8 무선통신보조설비

3.8.1 무선통신보조설비의 개요

무선통신보조설비는 소방대의 소방활동 시 무선통신을 원활히 하기 위한 설비로서 통신을 위한 안테나 설비를 설치하는 것으로 이해할 수 있다. 주로 동축케이블을 포설하여 지상의 소방대가 먼 거리에 있는 소방대와 통신을 주고받는 데 어려움이 없도록 하는 설비이다.

3.8.2 무선통신보조설비의 적용기준

소방시설 설치·유지 및 안전관리에 관한 법률 시행령 별표5

무선통신보조설비를 설치하여야 하는 특정소방대상물(위험물 저장 및 처리시설 중 가스시설은 제외한다)은 다음의 어느 하나와 같다.

1) 지하가(터널은 제외한다)로서 연면적 1천m^2 이상인 것
2) 지하층의 바닥면적의 합계가 3천m^2 이상인 것 또는 지하층의 층수가 3층 이상이고 지하층의 바닥면적의 합계가 1천m^2 이상인 것은 지하층의 모든 층

3) 지하가 중 터널로서 길이가 500m 이상인 것

4) 「국토의 계획 및 이용에 관한 법률」 제2조제9호에 따른 공동구

5) 층수가 30층 이상인 것으로서 16층 이상 부분의 모든 층

3.8.3 무선통신보조설비의 주요 설치기준

무선통신보조설비의 화재안전기준(NFSC 505)

(1) 누설 동축케이블 등

① 누설 동축케이블 및 공중선은 고압의 전로로부터 1.5m 이상 떨어진 위치에 설치할 것. 다만, 해당 전로에 정전기 차폐장치를 유효하게 설치한 경우에는 그러하지 아니하다.

② 누설 동축케이블의 끝부분에는 무반사 종단저항을 견고하게 설치할 것

③ 누설 동축케이블 또는 동축케이블의 임피던스는 50Ω 으로 하고, 이에 접속하는 공중선, 분배기 기타의 장치는 해당 임피던스에 적합한 것으로 하여야 한다.

(2) 무선기기 접속단자

① 화재층으로부터 지면으로 떨어지는 유리창 등에 의한 지장을 받지 않고 지상에서 유효하게 소방활동을 할 수 있는 장소 또는 수위실 등 상시 사람이 근무하고 있는 장소에 설치할 것

② 단자는 한국산업규격에 적합한 것으로 하고, 바닥으로부터 높이 0.8m 이상 1.5m 이하의 위치에 설치할 것

③ 지상에 설치하는 접속단자는 보행거리 300m 이내마다 설치하고, 다른 용도로 사용되는 접속단자에서 5m 이상의 거리를 둘 것

④ 지상에 설치하는 단자를 보호하기 위하여 견고하고 함부로 개폐할 수 없는 구조의 보호함을 설치하고, 먼지 · 습기 및 부식 등에 따라 영향을 받지 아니하도록 조치할 것

⑤ 단자의 보호함 표면에 "무선기 접속단자"라고 표시한 표지를 할 것

그림 3.17 무선기 접속단자함이 설치된 모습

그림 3.18 무선기 접속단자함의 내부 모습

그림 3.19 누설 동축케이블이 설치된 모습

부록 소방시설 도시기호

분류	명칭	도시기호
배관	일반배관	————
	옥내 · 외소화전	—— H ——
	스프링클러	—— SP ——
	물분무	—— WS ——
	포소화	—— F ——
	배수관	—— D ——
	전선관 입상	
	전선관 입하	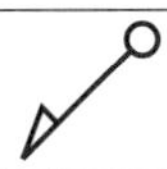
	전선관 통과	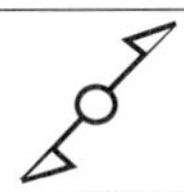
관이음쇠	플랜지	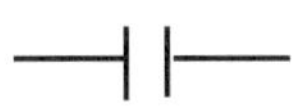
	유니온	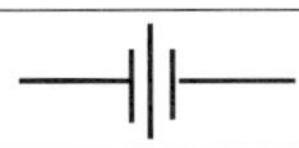
	플러그	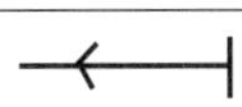
	90° 엘보	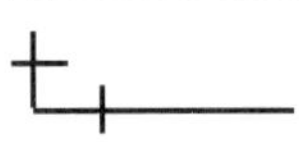
	45° 엘보	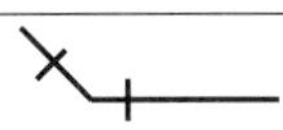
	티	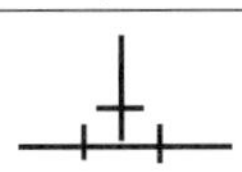
	크로스	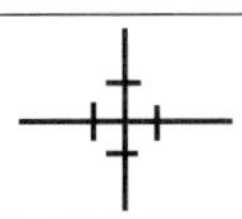
	맹플랜지	
	캡	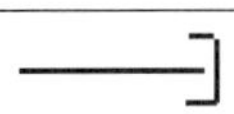

분류	명칭	도시기호
헤드류	스프링클러헤드 폐쇄형 상향식(평면도)	
	스프링클러헤드 폐쇄형 하향식(평면도)	
	스프링클러헤드 개방형 상향식(평면도)	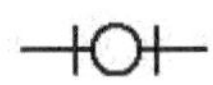
	스프링클러헤드 개방형 하향식(평면도)	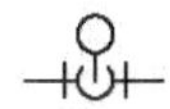
	스프링클러헤드 폐쇄형 상향식(계통도)	
	스프링클러헤드폐쇄형 하향식(입면도)	
	스프링클러헤드 폐쇄형 상 · 하향식(입면도)	
	스프링클러헤드상향형 (입면도)	
	스프링클러헤드 하향형 (입면도)	
	분말 · 탄산가스 · 할로겐헤드	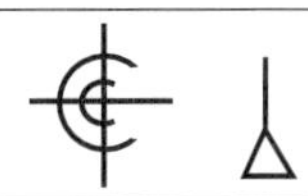
	연결살수헤드	
	물분무헤드(평면도)	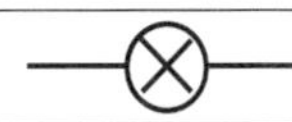
	물분무헤드(입면도)	
	드랜처헤드(평면도)	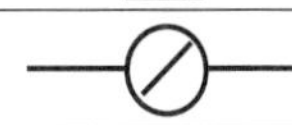
	드랜처헤드(입면도)	
	포헤드(평면도)	
	포헤드(입면도)	
	감지헤드(평면도)	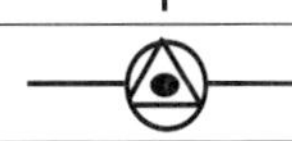

분류	명칭	도시기호	분류	명칭	도시기호
	감지헤드(입면도)			릴리프밸브(이산화탄소용)	
헤드류	청정소화약제방출헤드(평면도)			릴리프밸브(일반)	
	청정소화약제방출헤드(입면도)			동체크밸브	
	체크밸브			앵글밸브	
	가스체크밸브	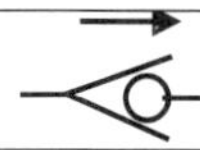		FOOT밸브	
	게이트밸브(상시개방)			볼밸브	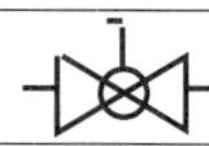
	게이트밸브(상시폐쇄)		밸브류	배수밸브	
	선택밸브			자동배수밸브	
	조작밸브(일반)	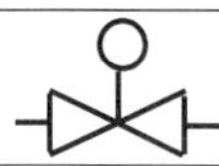		여과망	
	조작밸브(전자식)	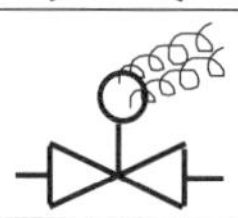		자동밸브	
밸브류	조작밸브(가스식)			감압밸브	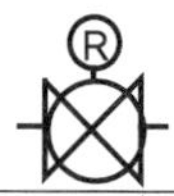
	경보밸브(습식)	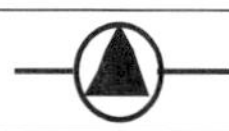		공기조절밸브	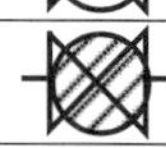
	경보밸브(건식)	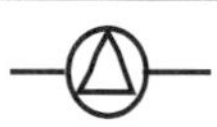		압력계	
	프리액션밸브	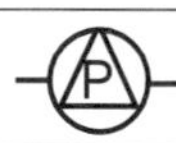	계기류	연성계	
	경보델류지밸브			유량계	
	프리액션밸브 수동조작함	SVP		옥내소화전함	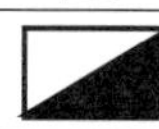
	플렉시블조인트	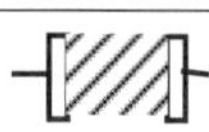		옥내소화전 방수용 기구 병설	
	솔레노이드밸브		소화전	옥외소화전	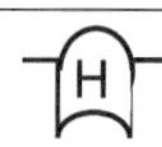
	모터밸브	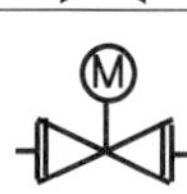		포말소화전	

분류	명칭	도시기호	분류	명칭	도시기호
소화전	송수구		경보설비기기류	차동식 스포트형 감지기	
	방수구			보상식 스포트형 감지기	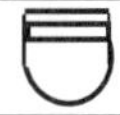
스트레이너	Y형	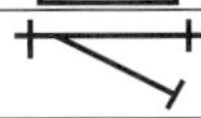		정온식 스포트형 감지기	
	U형			연기감지기	
저장탱크류	고가수조(물올림장치)			감지선	
	압력챔버	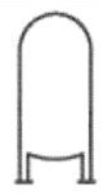		공기관	
	포말원액탱크	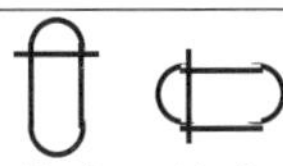 (수직) (수평)		열전대	
리듀서	편심리듀서	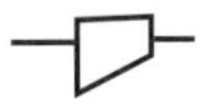		열반도체	
	원심리듀서	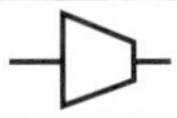		차동식 분포형 감지기의 검출기	
혼합장치류	프레저 프로포셔너	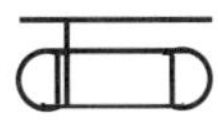		발신기셋 단독형	
	라인 프로포셔너			발신기셋 옥내소화전 내장형	
	프레저 사이드 프로포셔너	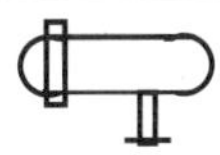		경계구역번호	
				비상용 누름버튼	
	기타	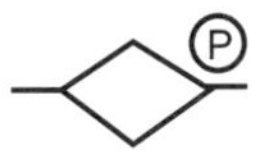		비상전화기	
펌프류	일반펌프	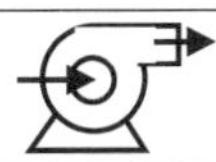		비상벨	
	펌프모터(수평)	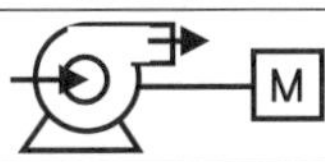		사이렌	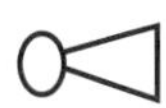
	펌프모토(수직)			모터사이렌	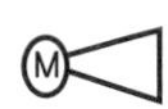
저장용기류	분말약제 저장용기			전자사이렌	
	저장용기			조작장치	E P
				증폭기	AMP

분류	명칭	도시기호
경보설비 기기류	기동누름버튼	E
	이온화식 감지기 (스포트형)	S I
	광전식 연기감지기 (아날로그)	S A
	광전식 연기감지기 (스포트형)	S P
	감지기간선 HIV1.2mm×4(22C)	— F ////
	감지기간선 HIV1.2mm×8(22C)	— F //// ////
	유도등간선 HIV2.0mm×3(22C)	— EX —
	경보부저	BZ
	제어반	
	표시반	
	회로시험기	
	화재경보벨	B
	시각경보기 (스트로브)	
	수신기	
	부수신기	
	중계기	
	표시등	
	피난구유도등	
	통로유도등	
	표시판	
	보조전원	T R

분류	명칭		도시기호
경보설비 기기류	종단저항		
제연설비	수동식제어		
	천장용 배풍기		
	벽부착용 배풍기		
	배풍기	일반배풍기	
		관로배풍기	
	댐퍼	화재댐퍼	
		연기댐퍼	
		화재/연기댐퍼	
스위치류	압력스위치		PS
	탬퍼스위치		TS
방연·방화문	연기감지기(전용)		S
	열감지기(전용)		
	자동폐쇄장치		ER
	연동제어기		
	배연창 기동모터		M
	배연창 수동조작함		
피뢰침	피뢰부(평면도)		
	피뢰부(입면도)		
	피뢰도선 및 지붕 위 도체		

분류	명칭	도시기호	분류	명칭	도시기호
제연설비	접지			비상콘센트	
	접지저항 측정용 단자			비상분전반	
	ABC소화기			가스계소화설비의 수동조작함	RM
	자동확산소화기			전동기구동	M
소화기류	자동식소화기			엔진구동	E
	이산화탄소소화기			배관행거	
	할로겐화합물소화기		기타	기압계	
	안테나			배기구	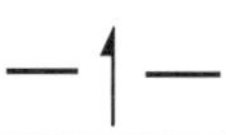
	스피커			바닥은폐선	
기타	연기방연벽			노출배선	
	화재방화벽			소화가스 패키지	PAC
	화재 및 연기방벽				

참고문헌

1. 국가법령정보센터 www.law.go.kr
2. 소방방재청 www.nema.go.kr
3. 소방기본법, 소방기본법 시행령, 소방기본법 시행규칙
4. 소방시설공사업법, 소방시설공사업법 시행령, 소방시설공사업법 시행규칙
5. 소방시설 설치 · 유지 및 안전관리에 관한 법률
   소방시설 설치 · 유지 및 안전관리에 관한 법률 시행령
   소방시설 설치 · 유지 및 안전관리에 관한 법률 시행규칙
6. 위험물안전관리법, 위험물안전관리법 시행령, 위험물안전관리법 시행규칙
7. 다중이용업소의 안전관리에 관한 특별법
   다중이용업소의 안전관리에 관한 특별법 시행령
   다중이용업소의 안전관리에 관한 특별법 시행규칙
8. 소방방재청고시 국가화재안전기준(NFSC)
9. 소방방재청 국가화재안전기준 해설서
10. 남상욱, 소방시설의 설계 및 시공(2014), 성안당

건축시공전서

건축시공설비-소방설비부문

2015년 5월 15일 1판 1쇄 인쇄
2015년 5월 20일 1판 1쇄 발행

편 저 사단법인 한국건축시공학회
서울특별시 강남구 역삼동 635-4
한국과학기술회관 신관 509호
TEL. 02)745-5547~8
FAX. 02)745-5541
E-mail kic5547@hanmail.net
홈페이지 http : //www.kic.or.kr

발행인 한 천 구

발행처 사단법인 한국건축시공학회

출판보급처 기 문 당
서울특별시 성동구 무학봉 28길 4-1
TEL. 02) 2295-6171(代)~5
FAX. 02) 2296-8188

출판등록 1976. 10. 7 (1-44)

홈페이지 http : // 기문당
http : // www.kimoondang.com

ISBN 978-89-6225-661-1 94540
978-89-6225-658-1 94540(세트)

정 가 12,000원

이 도서의 국립중앙도서관 출판시도서목록(CIP)은 서지정보유통지원시스템 홈페이지(http://seoji.nl.go.kr)와 국가자료공동목록시스템(http://www.nl.go.kr/kolisnet)에서 이용하실 수 있습니다.
(CIP제어번호 : 2015012727)